中国の「天眼」FAST
世界最大の電波望遠鏡

郭紅鋒 [著]
松永慶子 [訳]

科学出版社 東京

前書き

　天体を観測する中国の「巨眼」または「中国天眼」、あるいは通称「天眼」、それは口径500ｍもの球面電波望遠鏡のことです。英語名でFive-hundred-meter Aperture Spherical radio Telescope、略して「FAST」と書きます。「天眼」と呼ぶのは世界で最も大きく、最も感度の高い単一口径電波望遠鏡だからです。地球から宇宙の深淵を「観る」ことができます。宇宙が誕生した当初の微弱な信号までも検出できるのです。

　中国はFASTの開発と建造で、完全に独自スキルを獲得しました。初期構想から青写真段階での計画、事前研究での評価、プロジェクトの承認、そして建設の完成に至るまでの22年という長い道のりの中で、何万人もの中国の科学者、専門家、専攻学生、エンジニア、建設作業員、組織管理職及びその他の関係者たちが参加しました。彼らは力を合わせ、困難を克服し、懸命に努力しました。生命に代えてでも、中国で数世代に亘った天文学者たちの夢を実現したのです。ここで、この一大科学プロジェクトを最終的に完成させてくれた彼らの多大な努力と、飛びぬけた貢献に感謝します。彼らに、心からの敬意を表したいと思います。

　本書は、人類の天体観測の歴史から始め、望遠鏡の発明と発展の過程を紹介します。人類が宇宙を探索するさまざまな歴史的段階において、望遠鏡が大きな役割を果たしました。続いて、電波天文学の誕生と本書の重点を紹介します。本書の重点とは、電波望遠鏡FASTの建設プロセスについてなのです。本書は「中国天眼」の威力・役割・機能・科学的な目標、そして最新成果や未来への発展を紹介することに力を注ぎます。また「天眼」プロジェクトの進行過程で、あの最も愛すべき建設者たちがどうやって困難を乗り越えたか、創造的な仕事を成し得たか、を紹介します。

　本書の中の、FASTプロジェクトの立案、科学的な意義、成果の創出、技術的仕様、時間経過などのデータは、FASTプロジェクト事務局が提供してくれ

た資料に基づき整理しました。そのなかで動作原理や工事の詳細、部品やコンポーネントの機能、技術的な難題や解決方法といった具体的な内容は、筆者がFASTプロジェクトのエンジニアに相談し、インタビューを通して知り得たものです。

　ここに、中国科学院出版委員会の「チャイナドリーム・サイエンスドリーム」第1集シリーズ編集委員会に感謝します。本書の出版にあたり、ご支援くださいました。並びに中国科学院老科学技術工作者協会に感謝します。中国科学院国家天文台FASTプロジェクトチーム、並びに貴州FASTの現場担当者の皆様が、本書を記すにあたり、ご支援くださいました。国家天文台の蒋世仰さん、朱明さんに感謝します。おふたりは本書の科学顧問となり、筆者を指導し、助力してくださいました。筆者の同僚や友人たち、またこれまでにお会いしたことのないネッ友たちも、本書を記すために質問や資料、糸口や色々な助力を与えてくださいました。ここに心からの感謝を表します。

郭紅鋒

2019年　北京

目次

前書き iii

第1章　広大な星空の謎 ─── 1

第2章　人類の眼の助け ─── 11

第1節　眼の光学 12
第2節　レンズの特性 13
第3節　望遠鏡の発明 15
第4節　望遠鏡の「能力」 18
第5節　伝統的な光学望遠鏡 20
第6節　ハーシェル、望遠鏡により天王星を発見 27
第7節　ハッブル、フッカー望遠鏡により宇宙膨張を発見 30
第8節　現代の大型光学望遠鏡 33
第9節　多周波数帯天体望遠鏡 40
第10節　電波望遠鏡 43
第11節　1960年代、天文学分野における有名な「四大発見」 49
第12節　開口合成法とアレイ式望遠鏡 54
第13節　超長基線電波干渉計 56
第14節　望遠鏡の多大な影響 58

第3章　「中国天眼」の夢 ─── 61

第1節　夢を築く 62
第2節　国際的な巨大電波望遠鏡の提案 63
第3節　中国の「天眼」構想とプロジェクトの立ち上げ 65

第4章　天眼、その英明な建造への道のり ─── 69

第1節　FASTプロジェクトの課題概要 71

第2節　FASTの本拠地を建設 73
第3節　FASTの主要部を建設 78
第4節　FASTの作動プロセス 108

第5章　世界最高水準へ ─ 111
第1節　FASTの「世界最高水準」 112
第2節　FASTの主な科学研究目標 114
第3節　FASTが既に得た部分的な成果 120

第6章　未来への道 ─ 123

第7章　誰もが関心のある問題への答え ─ 129

付録 ─ 141
1　私の知る南仁東先生 142
2　「天眼」の窪地を探した私の経験 147
3　FASTプロジェクトの主要な時系列 154
4　国際的に有名な単一口径電波望遠鏡 156
5　中国の主な単一口径電波望遠鏡 157
6　2019年8月現在、FASTで観測・確認された86個のパルサー 159

参考文献 ─ 167

＊本文中の（　）は原注、〔　〕は訳注をそれぞれ示す。脚注についてはそれぞれその旨を示す。

第1章
広大な星空の謎

夜空の天の川
（2019年7月24日、ニュージーランド南島インバーカーギルにて、邢毓麟さんが撮影）

広大にして深淵な、紺碧の夜空。きらきら光り、透き通る星々。

騒がしい都市を離れ、郊外の暗い夜に身を置くなら、満天の星空を見上げてみよう。星々はきらめき、明るく壮大で、あたかも銀色に輝く宝石のようだ。果てしなく巨大なドームに重なり合い、嵌め込まれている。この絢爛で壮観な情景は、必ずあなたの魂を打ち震わせるだろう。

ドイツの哲学者カントはこう述べた。「この世で私たちの魂を深く揺さぶるものはふたつしかない。ひとつは私たちの頭上にある光り輝く星空、もうひとつは私たちの心の中にある崇高な道徳法則だ」

古くから、人々はこの美しく見惚れるような星空を見上げてきた。誰もが衝撃を受け、無限に思いを馳せた。誰もが感動し、探求したい欲に駆られた。現代都市に生きる人々には豊かな夜間生活があるけれども、星空を「喪失」してしまった。星空は大自然からの豊かな贈り物なのだ。統計によると、世界の約3分の2の人々が天の川を見たことがない。これは人類にとって計り知れない巨大な損失と言わざるを得ない。

1994年、アメリカのロサンゼルス大地震の時、こんな報道があった。震源地にあった電力が完全に切断され、早朝に人々は屋内から外へ逃げ出した。すると紺碧の夜空に星々があんなにも美しいことを、多くの人々は思いがけず目にした。人々は眼の前の光景に呆然とした。空に怪奇現象を見たと思った人さえいた。紺碧の夜空にひとすじの銀白色の雲の帯、だが雲のようには漂わない何か。これが書物に書かれていた天の川だったのかと、人々は気づいた。ロサンゼルスの人々は生まれて初めて自分の眼で天の川を見たのだ。それは、思いがけない喜びだった。

第1章　広大な星空の謎　　3

エベレストの天の川アーチ

　「エベレストの天の川アーチ」、この写真は中国人民大学付属中学国際部高一の学生、邢毓麟さんが2018年10月2日にエベレストベースキャンプで撮影した天の川の光景だ。彼はこう語った。「海抜5200mのエベレストベースキャンプに着くと、呼吸も困難で頭痛もありました。ところが世界最高峰の上に天の川アーチを見ると、すべての体調不良が吹き飛びました。身体は『地獄』にありながら、瞳は『天国』にありました。天の川をじっと眺めた時、すべてが静止したようでした。これまでにない静寂を感じました。天上には数百億年をかけて出来た天の川、地上には数千万年をかけて出来たエベレスト。大自然の雄大さを実感させられました。人類は大自然の前で取るに足らないものでした。自然を敬う心を持つべきだと実感させられました」
　いつの時代も、人類は星空に思いを馳せることをやめない。宇宙への探査も次々と繰り広げてきた。古代の人々は昼と夜によって一日を記録し、太陽と月と星を使って時間を記録し、祭りを決め、方角を指し、のちに人々は暦を編み出した。そしてそれは暮らしと、農畜産業の生産活動を先導してきた。
　例えば、中国の二十四節気は人々の観測した太陽の見た目の運行に基づいて決められたものである。数千年に亘り、人々の生産活動と暮らしを導いてきた。2016年11月30日、国連教育科学文化機関（ユネスコ）無形文化遺産保護条約第11回政府間委員会で、中国が登録申請していた「二十四節気」が人類の無形文

化遺産目録に記載された。二十四節気は中国の人々が太陽の一年間の運行を観察することで出来た時間知識の体系、およびその実践である。国際気象業界では、二十四節気は外国の人々からさらに「中国第五の大発明」と称えられている。

古代人は天空を観察しただけではない。宇宙のモデルや構造をも思索した。古代中国では「渾天説*1」「蓋天説*2」があり、西洋では「天動説」があった。「天動説」は長きに亘り、観測された事実のほとんどを説明できた（太陽・月・星が東から昇り西へ沈む現象など）。したがって、西洋の宇宙に対する認識を千年以上に亘って支配してきた。のちに科学の進歩によって、「天動説」はひっくり返されたものの、しかしその当時と後世への影響からすると、やはり重要ではある。

想像しよう。私たち人類は地球（宇宙のちっぽけな片隅）で全宇宙を観察するのだ。そして私たちは地球と共に休まず回転している（地球は自転し、同時に公転する）。このため、地球から見た天体の見た目の動きを、宇宙の真実の運行法則に戻すこと、これは、言うは易く行うは難しである。「天動説」のそのモデルは完璧ではなく、間違いだった。けれどもやはり人類が宇宙を知り、宇宙を解釈するための、その最初の試みであった。

以来、人々はどんどんより多くの宇宙からの情報を観察してきた。「天動説」モデルでは解釈し難い現象も発見した（惑星逆行*3 など）。そして、ポーランドの天文学者ニコラウス・コペルニクスが大胆にも新しい宇宙モデルを唱えた。それが太陽を宇宙の中心とする「地動説」である。この新しい理論は人類に宇宙への理解を飛躍的に発展させた。

---

*1　渾天説は古代中国の宇宙学説のひとつ。天空すべての恒星はひとつの天球の上に分布しており、太陽・月・五つの惑星〔水星、金星、火星、木星、土星〕は天球に沿って運行すると考えた。

*2　蓋天説は古代中国の宇宙学説のひとつ。「天は蓋〔傘のこと〕を広げたように丸く、地は碁盤のように方形である」と考えた。天は大地に接しておらず、地上に高々と懸かる大きな傘のようなもので、地の周りは８本の柱で支えられていると、古代の誰かが提起した。中国古代神話で、共工が〔天を支える柱のひとつとされる〕不周山を叩き壊した話や、女媧が五色石を練って天を補修した故事は蓋天説に基づく。

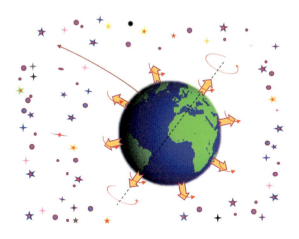

人類が地球で全宇宙を観察する略図

　続いて1609年、イタリアの物理学者にして天文学者ガリレオ・ガリレイが自らの手で世界初の天体観測用望遠鏡を制作し、そしてそれを天空へ向けた。これは天文学の、さらに人類の科学の歴史に対しても画期的な事件だった。ここで、人類は望遠鏡を使って星空を観測する新時代に入った（これに先立つこと数千年、人類はすべて肉眼に頼って星空を観察してきた）。

　ガリレオはその望遠鏡を使い、肉眼では観察できない多くの天空の姿を見た。例えば、月の表面がデコボコであることや、太陽の黒点、木星の衛星、金星の満ち欠けを見た。とりわけ、ガリレオは木星の四つの衛星（のちに木星のガリレオ衛星と名付けられた）が木星を中心として回転していることを発見した。これはすべての天体が地球を中心として回転しているのではないことを示していた。このことはコペルニクスの「地動説」を強く後押しした。

＊3　惑星逆行は恒星と照らし合わせて観察される惑星の逆行運動である。地球の公転周期は地球より外側の惑星の公転周期より短い。したがって、地球は周期的に外側の惑星を追い越す。多車線の高速道路で、一台の車がより速いようなものだ。惑星逆行が起こるとき、本来なら東へ動く外側の惑星が西へ退くように見える。地球が公転軌道で外側の惑星を追い越すと、外側の惑星は西から東への運動を取り戻すように見える。

望遠鏡の助けを得て、人類はだんだんと、宇宙の構成と私たちの暮らす星が、宇宙の中でどの位置にあるかを知っていった。現代の小学生は皆、私たちの暮らす地球が惑星のひとつであると知っている。私たちとそのほか七つの惑星は、一様にひとつの恒星系統に属している。すなわちそれが太陽系だ。太陽系の中心に恒星があり、それが太陽だ。太陽系には他にもメンバー（惑星・準惑星・彗星・小惑星・流星など）がいて、みな太陽を中心として回転している。

　また、私たちは太陽系の「メンバー」の大きさや距離を知っている。そして、太陽系のミニチュアを学校内で自作する学生もいる。それは太陽系メンバーの間の大きさと距離を想像することを助けてくれる。太陽系をキャンパスに縮小するなら、太陽は旗ぐらいの大きさになる。水星は太陽から50m以上離れて公転する米粒のようなものになる。金星と地球は、それぞれ太陽から100m以上と150m以上離れて公転する一粒が大きく一粒が小さい二粒のそら豆になる。月は地球から0.3mにある粟粒、火星は太陽から200m以上離れた大豆一粒だ。そして太陽系最大の惑星である木星は、太陽から700mでお椀くらいの大きさしかない。土星は太陽から1400mでコップの丸い飲み口ほどの大きさだ。天王星は太陽から2800mで、テニスボールほどの大きさだ。海王星は天王星よりやや小さく、太陽から4500m離れて飛んでいる。

私たちの太陽系

天文学の研究が深まるにつれて、私たちはだんだんと太陽系の中と太陽系の外の異なる天体を区別した。さらに、太陽系がもっと大きな系統、即ち銀河系の中にあることを知った。銀河系には太陽系のような星系やその他の天体が数千億も集まっている。そして、銀河系の外にも銀河系に似た天体系統がたくさんある。これを系外銀河と総称する。このように今日の私たちが知る宇宙は中国の諺の通り、「天の外に天あり」なのだ。

　さらに多くの宇宙データを得るため、科学者たちはさらに大きい光学望遠鏡を建設するほか、色々な宇宙線を受信できる望遠鏡を建設した。電波、赤外線、紫外線、X線、γ線などを受信する望遠鏡だ。これらの放射線は肉眼や光学望遠鏡には見えない。しかしこれらの放射線に鋭敏な測定器を使うと、得られたデータを再び視覚化し、見ることができる。これによって、1940年代から天文学の発展に伴い、電波天文学、赤外線天文学、紫外線天文学、X線天文学、γ線天文学などが相次いで誕生した。天文学者の天体観測はより多くの宇宙線の周波数帯[*4]をカバーした。天文学も多周波数帯によって観測する時代に入った。宇宙と宇宙の色々な天体、天文現象の法則、さらに物理学的な本質を、人類が理解する新たな段階に進んでいる。

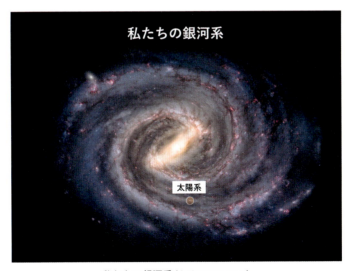

私たちの銀河系（出所：NASAのHP）

ハッブル望遠鏡の撮影によるハッブル超深宇宙探査[*5]
（出所：ハッブル望遠鏡HP）

　1950年代、人類の科学の発展は宇宙時代に入った。天文学も古代の学問から最先端の学問へと飛躍した。科学者は望遠鏡を宇宙へ打ち上げることができるようになった。有名なハッブル望遠鏡は宇宙望遠鏡の、抜きんでた模範例と言える。ハッブル望遠鏡の口径はわずか2.4mだが、地上でなら口径10mの大型望遠鏡に匹敵する。地球の表面に大気の層があり、大気の流れやそこに含まれる水蒸気や不純物のせいで、地上の望遠鏡の光学効果は妨害されてしまう。望遠鏡の表面を薄い膜で覆うようなものだ。観測対象の透明度を下げてしま

[*4]　周波数帯は、ウェーブバンドとも呼ぶ。電磁波の系統のなかで、決められた波長の範囲を持って連続する電磁波。

[*5]　ハッブル超深宇宙探査（Hubble Ultra Deep Field）は宇宙写真である。この写真は2003年9月24日から2004年1月16日までの間、ハッブル宇宙望遠鏡によって得たデータを累積しまとめたものである。2006年時点、可視光で撮影された最も遠い宇宙の映像だ。130億年以上前の宇宙の状態をはっきりと表している。この中に推定で一万個の銀河がある。

う。そこで、望遠鏡を大気圏外の宇宙に打ち上げることで、これらの妨害を効果的に避けられる。望遠鏡の観測効率や観測精度をとても大きく向上させられる。もちろん、そのほか多くの周波数帯のデータについては、相呼応する望遠鏡を大気圏外へ打ち上げることで、初めて受信できる。

　近年では、人類の科学技術は急速に発展し、現在の天文観測の技術と手段も、飛躍的に発展している。天体観測の最新手段は目標の静態データが得られるだけではない。目標の動態データを素早く得て、追跡することもできる。天文学は真新しい最先端の分野にも進出している。それは、時間領域天文学だ。この分野の主な研究は高度な時間分解能の観測法に基づいている。宇宙の中でも極端に稀で、爆発的な天文現象を発見し、探究する。例えば新星[*6]、超新星[*7]、γ線バースト[*8]、色々な時間基準での恒星の爆発、およびに太陽系の外にある惑星の研究だ。これにより、宇宙の発展と変化を、より深く、より詳しく理解できる。

　宇宙の電磁放射を受信する以外に、人類は宇宙データの根源を観測する術も開拓した。それはここ数年で注目されている重力波、ニュートリノ、宇宙線の検出と研究だ。天文学はまたもや新時代に進んだ。マルチメッセンジャー天文学の時代である。これは人類が既に捉えた複数の宇宙データを伴ったメッセンジャーを利用する。メッセンジャーとは電磁波、重力波、ニュートリノ、宇宙線などのことだ。宇宙にさらに深い研究を進める新参者の分野である。マルチメッセンジャー時代の天体観測はシングルメッセンジャー（電磁波のみ）時代とは比べられないほど多くの、さらに全面的な天体データをもたらす。

　天体望遠鏡の発明により、宇宙の天体を観測する新時代が開かれてから、人

---

*6　新星、または古典新星と呼ぶ。一種の激変変数で、光度は数日または数週間で最大となり、それからゆっくりと低下する。数か月あるいは数年をかけて元の状態に戻る。光度の変化の幅はほとんど7〜16視覚等級である。
*7　超新星は恒星の進化過程の段階のひとつで、最も大きく爆発した変光星だ。
*8　γ線バースト（Gamma Ray Burst，GRB）または古典γ線バーストと呼ぶ。短時間の、突発的な高いエネルギーの爆発現象である。この現象は時間と共に変化する爆発の「ハード状態」のスペクトルを示す。持続時間は平均で10秒〜20秒だ。爆発を一度観測するだけで、さまざまな方向に同じ性質のγ線の源がしばらく現れる。

類は宇宙を理解することについて、一連の大きな進歩を成し遂げてきた。多様な天体望遠鏡や多様な宇宙観測データがあれば、色々な面から得たデータを統合し、解釈や分析をすることができる。宇宙深部からのデータによって、宇宙の構造や運動法則、進化と発展の過程をもっと全面的に、もっと深く理解できる。また、いくつか宇宙の過去・現在・未来について人類が知りたがる質問への答えにも一歩近づく。

現在、科学者の主流が提唱する宇宙モデルは「ビッグバン理論」に基づいている。ビッグバン理論によると、私たちは即ち膨張し続けている宇宙に存在する。この宇宙には中心がなく、周辺はすべて外へと拡大している。現在の私たちが見ることができる最も遠い宇宙は137億光年[*9]のかなただ（最新の更新データは138億光年）。しかし、これは宇宙の果てではない。現時点で私たちの探索手段がたどりつける視界の範囲にすぎない。宇宙は今なお膨張している。

こんなにも深く広い宇宙で、どれほど多く、見えない謎が発見されようか。どれほど多く、未解明の謎が探求されるだろう。

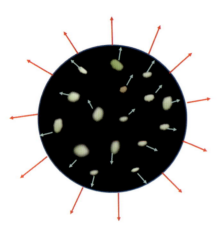

膨張する宇宙の略図

[*9] 光年は天文学でよく用いられる長さの単位。光が一年間に進む距離のことである。光速は約30万km/sである。

第 **2** 章
人類の眼の助け

天文学は実測の科学だ。天体の位置・運動・構造・組成・質量・大きさ・分布・エネルギー・重力など色々なデータを測定する必要がある。そうしてこそ、宇宙のさまざまな天体の成分の組み合わせや運行パターン・進化法則などの特性が探求できる。人類が天体望遠鏡を発明して以来、天文学研究の主な観測手段は、さまざまな望遠鏡を利用することだ。望遠鏡の性能の改良と技術水準の向上につれて、天文学は一段また一段と飛躍的な発展を経てきた。人類の「成長」に伴う古代の学問から、人類の宇宙への理解をより深く「進軍」させ続ける現代の最先端の学問になった。望遠鏡の影響は重大と言える。

第1節　眼の光学

　人類は主に眼によって世界を観察する。眼はとても精密な光学システムだ。眼の中の水晶体は形状を調節できるレンズのようなものである。
　ふだん、眼は物体の遠近により、自動的に屈折率を調節できる。すなわち、水晶体の形を調節する。物体が網膜の上に焦点を合わせられ、結像されてこそ、

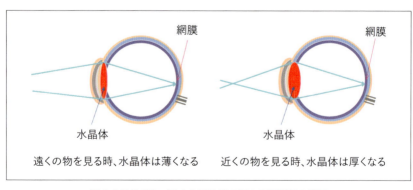

遠くを見る時と、近くを見る時の眼の自動調整の略図

視神経は物体を「見える」と感知できる。そうして、人は遠近の異なる物体でもはっきりと見ることができる。

　光が目に入る通り道は瞳孔だ。眼は光の強度により、自動で瞳孔の口径の大きさを調節できる。そうして色々な強度の光に適応できる。普通、人類の眼の瞳孔は2〜5mmである。極端な状況だと、人類の眼の瞳孔の調節範囲は1〜8mmまで広がることができる。

　眼は、人の作り出したいかなる装置よりも、さらに高度な精密さである。人体の、高い知能を持つ光学「機器」でもある。ただ、眼のサイズは限られ、調節の範囲も限られる。見たい物体すべてが見られる方法はない。たとえば、遠すぎる目標や暗すぎる目標は、人類の眼には見えないか、不鮮明になる。

　人の作り出した光学機器の助けを借りて、私たちは眼の機能と範囲を広げることができる。

第2節　レンズの特性

　レンズは光学望遠鏡の基本部品だ。望遠鏡の原理と機能を理解するには、まずレンズの効果を知る必要がある。

　レンズの原理は主に光の直線伝播、屈折、反射などの原理に基づく。光はレンズを通って方向を変え、収束や偏向といった効果を生み出す。人はレンズを通して、より遠く、より暗く、またはより小さい物体を見ることができる。光学機器はレンズと切り離せない。だが光学機器にも顕微鏡、拡大鏡、望遠鏡など、色々な種類がある。天体望遠鏡はレンズの特性を利用して作られた機器のひとつだ。

望遠鏡のレンズの特性

① 理想的なレンズは中心対称である。
② レンズの中心を主点と言う（通常はCの文字で表す）。
③ レンズの主点の両側にそれぞれひとつの焦点がある。つまりFとF'である。
④ 主点から主焦点までの距離を焦点距離と言う。
⑤ 主点とふたつの焦点を通る光線を主光軸と言う。
⑥ 凸レンズ：光を集める効果がある（異なる原材料と異なる表面屈折率で光の集まりに違いが出る）。
⑦ 凹レンズ：光を発散する効果がある（異なる原材料と異なる表面屈折率で光の発散に違いが出る）。
⑧ 正レンズ：凸レンズに同じ。
⑨ 負レンズ：凹レンズに同じ。

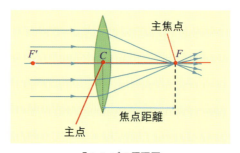

凸レンズの原理図

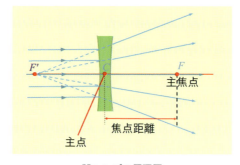

凹レンズの原理図

第3節　望遠鏡の発明

　ヨーロッパでは、早くからガラス製品を作る歴史があった。のちに、ガラスをレンズに磨き上げ、眼に載せると物体が鮮明に見えることに気付いた。そうして眼鏡が生み出された。16世紀になると、ヨーロッパの眼鏡製造業は既にとても成熟していた。とりわけオランダ人はガラスレンズの製造に長けていた。1608年、オランダの眼鏡商人、ハンス・リッペルハイがたまたま2つのガラスレンズを重ね合わせると、遠くの物がはっきり見えることに気付いたと言われている。そこで、レンズを長い筒で支え、風景を見ることに使った。これを「千里鏡」と言う。

　1609年、イタリアの物理学者ガリレオ・ガリレイはレンズを「遠くを見る鏡」にできるという噂を聞きつけた。彼はとても好奇心に富んでいたので、自分で小さな望遠鏡を作り始めた。ガリレオは一流の科学者だった。風景を見る望遠鏡を開発することだけに留まらず、天空の天体がはっきりと見られる「天体望遠鏡」の開発にも成功したのだ。そしてその天体望遠鏡を天空に向けたのだった。かつて人類が数えきれないほど仰ぎ、無限の空想を抱いてきた星空を見上げたのである。

　望遠鏡を星空に向けるというこの行為には画期的な意義があった。それは、人類が眼よりもっと強力な装備、すなわち天体望遠鏡を使うことの始まりを示していた。宇宙の果てしない謎を追求する新時代の始まりだった。

　ガリレオがその望遠鏡を空に向けた時、望遠鏡の中に、万華鏡のように不思議な光景が現れた。ガリレオが望遠鏡で月を見ると、月は玉のように白く光る銀盤であるは

ガリレオ・ガリレイ肖像

ガリレオの望遠鏡の原型
（出所：インターネット）

ガリレオの望遠鏡の
接眼レンズ

ずが、京劇の醜い臉譜のように変化した。月面にはデコボコの山や窪みがあった。また、天の川は肉眼だと白く果てしなく、ぼやけた雲や霧のように見える。ガリレオが望遠鏡を天の川に向けると、天の川は望遠鏡のなかでびっしりと並ぶ星々に分解された。望遠鏡を太陽系のほかの惑星に向け、数日間木星を観測すると、木星の周囲を回っている四つの小さな星を見つけた。金星を観測すると、明るく美しい「ヴィーナス*10」ではなく、三日月のように湾曲した鎌形に見えた。さらに、太陽の黒点現象も発見した。このことは、太陽が肉眼で見るような「完全無欠」では決してないことを物語っていた。

　ガリレオは自分の見たものすべてを忠実に記録し、絵も手書きしている。また、望遠鏡で観察した天体の状況を『星界の報告』という本に書き著した。この本で、ガリレオは数千年の間、人々が肉眼では見たことのない不思議な光景を、世界に示してみせた。望遠鏡で見える「新」宇宙は、肉眼で見える宇宙とは違うことを、人々に伝えたのだ。これは当時、世界にセンセーションを起こした一大イベントだった。人々は感嘆して溜め息をつくしかなかった。コロンブスは「新」大陸を発見し、ガリレオは「新」宇宙を発見したのだ。

＊10　ヴィーナスはローマ神話の愛と美の女神。古代ローマ人は女神にちなんで金星をヴィーナスと呼んだ。

第 2 章　人類の眼の助け　　17

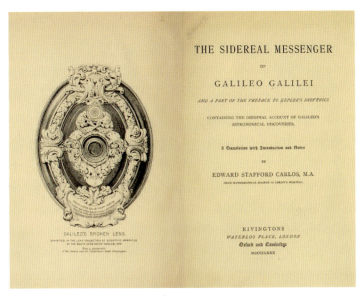

ガリレオ著『星界の報告』英語版

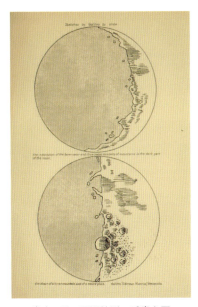

書中、月の正面地形の手書き図
（出所：インターネット）

第4節　望遠鏡の「能力」

　望遠鏡はレンズを使って遠くの物体を観測する光学機器である。レンズを通った光は屈折して焦点に集まり、さらに拡大接眼レンズを経ると集約されて強化され、拡大された像を見ることができる。

　人類は望遠鏡を通して、より遠くより暗い物体をはっきりと見ることができる。これには望遠鏡のふたつの基本的な特性の助けを借りている。

　望遠鏡の第一の特性は、遠くの物体の開き角を拡大して、人の眼にもっと小さな角距離で細部を見られるようにすることである。これは望遠鏡の角度を拡大する能力、または望遠鏡の識別能力という「本領」である。

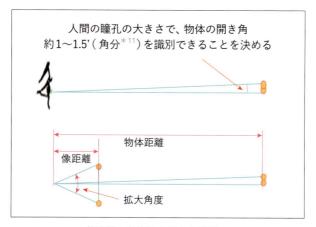

望遠鏡の角度拡大能力の略図

---

*11　ここでの角分とは、視野の角度の大きさのことである。角度の分秒と時間の分秒を区別するため、科学では通常、角度の分を角分、角度の秒を角秒と呼ぶ。時間の分は時分、時間の秒は時秒と呼ぶ。1°（角度）＝60'（角分）、1'（角分）＝60''（角秒）になる。

望遠鏡の第二の特性は、対物レンズが人の瞳孔の直径よりもずっと太い光束を集めることである。望遠鏡は焦点を合わせてから人の眼に送り、観測者は以前見えなかった暗い物体が見られる。これを望遠鏡の集光能力、または望遠鏡の感度と言う。

　同じ明るさの天体でも、遠くにあるほど暗くなる。比較的近い天体でも、発する光が弱いと見えないことがある。天体望遠鏡の口径は肉眼の瞳孔の直径よりも大きいので、より多くの光を集められる。これは、焦点を合わせて天体の発光の強さを増幅させるということだ。こうして、人類は望遠鏡を通して、より遠くより暗い天体が、見られることとなった。

　望遠鏡のこのふたつの特性はどちらもその口径に関係がある。つまり、望遠鏡の口径が大きいほど、遠くの物体の細部が見られる（ぼんやりした物体を識別できる）。さらに暗い物体の存在も感じ取れる（物体からの光をより多く、積み重ねて受け取る）。

　天体望遠鏡の発明は人類の眼の限界を突破し、人類自身の視野を広げた。人々が宇宙から得るデータをもっと豊かにしてくれた。天体望遠鏡が発明され、望遠鏡の「威力」とその口径の関係が理解されて以来、人々は当時の最先端の技術を尽くし、より大きな口径の望遠鏡を製造してきた。科学技術の発展に伴い、天体望遠鏡の口径はますます大きくなった。人々はますます極めて弱

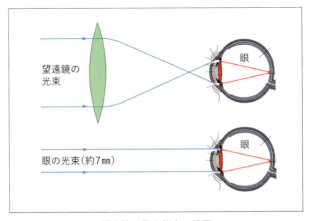

望遠鏡の集光能力の略図

い天体放射エネルギーを探測できるようになった。より深遠で、広範な宇宙からの情報を受け取れるようになったのである。

第5節　伝統的な光学望遠鏡

初期の望遠鏡はどれも眼に見える光を観察するものだった。そのため、光学望遠鏡と言う。光学望遠鏡は主に以下の構造様式に分ける。

1. 屈折式望遠鏡

1609年、イタリアの物理学者ガリレオ・ガリレイが世界で真っ先に天体観測用の天体望遠鏡の開発に成功した。これは屈折式望遠鏡で、その対物レンズに凸レンズを、接眼レンズに凹レンズを使って物体の正立像を見る。

のちに、ドイツの素晴らしい天文学者であり、物理学者であるヨハネス・ケプラーがガリレオ式望遠鏡にいくつか改良を加えた。接眼レンズを凸レンズに変えたのだ。これにより、精度は向上し、誤差も減った。見える物体は倒立像になるが、天体はふつう円形または点になるので、倒立像でも天体観測には影

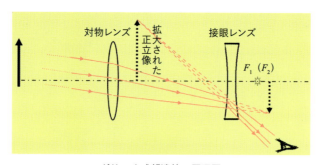

ガリレオ式望遠鏡の原理図

第2章　人類の眼の助け　21

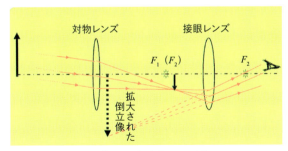

ケプラー式望遠鏡の原理図

イギリスのグリニッジ天文台、口径0.32m屈折式望遠鏡（1859年設立）

響が出ない。そのため、ケプラー式屈折望遠鏡は現在も使われている。現在、普通の学校で科学を広めるため使われている小さい望遠鏡のほとんどがケプラー式屈折望遠鏡である。

　屈折式望遠鏡の長所は焦点距離が長いこと、焦点面の縮尺が大きいこと、鏡筒の歪みに強いことなどである。天体を測量する分野の観測に最適だ。しかしその動作原理はレンズで光を屈折させることなので、欠点もある。

　屈折式望遠鏡の欠点は主に3つある。

- 可視光は異なる色彩（赤・橙・黄・緑・青・藍・紫に分類）を持つので、レンズを通ると焦点で散乱し、色収差が発生する。そこで、形状・材質の異なるいくつかの凸レンズや凹レンズを組み合わせ、色収差を無くしたレンズを作る。しかし、口径を大きくすることには困難がある。
- レンズの品質要求がとても高い。ガラスを丸ごとひと固まりに削り出すため、口径が大きくなると、鋳造・研磨・加工・検査といったどの工程もとても困難になる。
- 屈折式望遠鏡の光路は比較的に長く、鏡筒も長くする必要がある。望遠鏡を設置するドーム形の部屋をとても大きく建設する必要がある。したがって建設にかかる費用も高くなってしまう。

ヤーキス望遠鏡
（2011年、ヤーキス天文台で筆者が撮影）

　世界に現存する屈折式望遠鏡で代表的なものは、1897年にアメリカのヤーキス天文台に建設された口径102cmの屈折式望遠鏡である。この口径は屈折式望遠鏡で最大である。屈折式望遠鏡には多くの限界があるため、ヤーキス望遠鏡の完成は屈折式望遠鏡の発展が頂点に達したことを示している。現在に至るまで、これよりもさらに大きい屈折式望遠鏡は現れていない。

第 2 章 人類の眼の助け　23

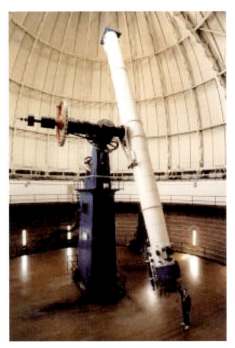

ヤーキス望遠鏡

2. 反射式望遠鏡

　イギリスの物理学者アイザック・ニュートンは、先人たちが発明した屈折式望遠鏡の色収差問題をどうやって解決するかを研究する過程で、望遠鏡の構造を変えようとした。レンズで光を屈折させて集約し、後ろの焦点で物体の像を観察するのではなく、代わりに凹面鏡で光を反射させて集約し、光線を焦点から転送し、側面で物体の像を観察するというものだ。このような望遠鏡の構造は色収差の問題を解決するだけでなく、光路を短くすることもできる。一定の収差（歪み）が発生するが、屈折鏡を反射鏡に代えることは大きな成功だった。

　1668年、ニュートンは最初に、直径2.5cmの金属を凹面（球面に類似）の反射鏡に研磨してみた。そして主鏡の焦点の前に、主鏡と45°の角度で平面反射鏡を置いた。すると、主鏡に照射された光は反射され、平面鏡に集光された。さらに平面鏡で鏡筒の外へ反射された。そして、鏡筒に取り付けた凸レンズ（接眼レ

ニュートン式望遠鏡の原型（出所：インターネット）

ンズ）で側面から観察した。ニュートン式望遠鏡は鏡筒が短いものの、40倍に拡大できた。木星の衛星や、金星の満ち欠けなどの現象が、はっきりと見えた。

　現在、プロフェッショナルの天体観測に使われる望遠鏡はほとんどが反射式である。さまざまな天体目標を結像するという要求を満たすため、現代の反射式望遠鏡は光学設計にいくつもの変化があった。しかし、どれも基本は非球面の主鏡・副鏡の構造を採り入れている。望遠鏡の中で、主鏡は星の光を受け、それを集光して副鏡に反射する。次に、副鏡は再び光を接眼レンズに転送して結像するか、受光器に転送して処理するということである。

　反射式望遠鏡の長所は色収差がないこと、鏡筒内で光路が曲がるため鏡筒を短くできることである。このためコストを下げ、口径をより大きくできる。これが現代の大型望遠鏡の基本構造である。他方、反射式望遠鏡は定期的なコーティングと専門的なメンテナンスが必要であり、このため、天文学の専門的な研究に多用されることとなった。

　望遠鏡で結像させること自体では、屈折式望遠鏡の結像のほうが鋭敏だが、色収差がある。反射式望遠鏡の結像には色収差がないがコマ収差があり、その

第2章 人類の眼の助け

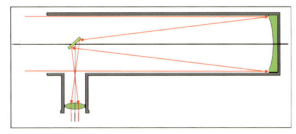

ニュートン式反射望遠鏡の原理
（平面の副鏡が星の光を鏡筒の外へ反射する）

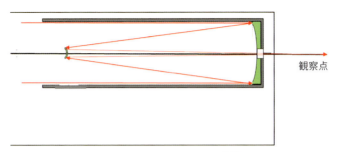

実用的なカセグレン式反射望遠鏡[*12]の原理
（主鏡の中心に穴が開いており、双曲面の副鏡が星の光を反射し、鏡筒の外に集める）

視野は屈折式望遠鏡の視野よりも小さくなってしまう。

3. 反射屈折望遠鏡

　反射屈折望遠鏡は名前の通りに、屈折式望遠鏡と反射式望遠鏡を組み合わせた方法である。最大限に両方の長所を発揮し、両方の短所を回避する。

　歴史上、比較的早めにいくつか反射屈折望遠鏡が登場した。例えば、出来の良い反射屈折望遠鏡がドイツの光学技術者シュミットにより1931年に製造されている。この望遠鏡は、特殊な形状の非球面薄型レンズを補正レンズに使い、

[*12] カセグレン式反射望遠鏡は1672年にローラン・カセグレンが発明した。2枚の反射鏡で構成された反射式望遠鏡である。反射鏡の内で、大きいものを主鏡、小さいものを副鏡と呼ぶ。

球面反射レンズと組み合わせ、球面反射レンズの球面収差を除去する。またほかにも、有名な反射屈折望遠鏡は、ソビエト連邦の光学技術者マクストフが製造したメニスカス補正レンズの反射屈折望遠鏡である。

　現在、反射屈折望遠鏡はいくつかの専門的な天体観測に、欠かせないツールとなっている。この屈折と反射を組み合わせた光学システムによって、望遠鏡の精度と使用効率が最大限に高められた。

　反射屈折望遠鏡の長所は集光力が強く、視野が広く、収差が小さいことである。表面の見える天体の研究や、サーベイ観測など、比較的広い視野が求められるプロジェクトに向いている。また、天空の広い範囲の写真を撮ることに適しており、とりわけ暗い星雲を撮ることにとても適している。

　反射屈折望遠鏡にも欠点はある。補正レンズの形が特殊で研磨が難しく、価格も割高なことなど、挙げられよう。

　これまで多くの望遠鏡が天体観測の歴史においてとても大きな役割を果たしてきた。科学の進展に新しい時代を招来し、人類の、宇宙への理解を深め続けてきた。世界天文年2009を祝うため、イギリスの科学雑誌『ニュー・サイエンティスト』は、これまで人類史上最も有名な、14台の天体望遠鏡を選び出し

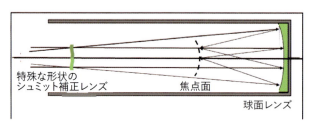

シュミット式反射屈折望遠鏡の原理

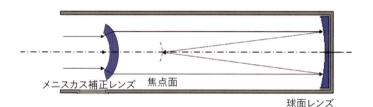

マクストフ式反射屈折望遠鏡の原理

た。多くの有名な天文学者がそれら14台の望遠鏡を使って重大な発見を成し遂げ、天文学の世界にその名を残している。

第6節　ハーシェル、望遠鏡により天王星を発見

1. ハーシェル、宇宙を巡遊し発見する

　イギリスの天文学者ウィリアム・ハーシェルはもともと音楽家だった。しかし、彼は天体観測にも熱中していた。自宅を工房にして、各種の望遠鏡レンズを自ら研磨した。その生涯において、当時としてはとても先進的な反射式望遠鏡をいくつも製作した。ハーシェルはいつも自作の望遠鏡で星空を観測し、寝食を忘れるほど星空に夢中であった。それが故に、絶えず天空を少しずつ細心に見回り、細部を見逃さなかったのである。

　1781年3月13日の夜、ハーシェルの望遠鏡は、牡牛座と双子座が接するところの小さな領域を指向していた。ハーシェルはひとつのほぼ6等級[*13]の星に気付く。この星はわずかにぼやけた円盤の形で現れていた。詳細に観察するため、ハー

ウィリアム・ハーシェル

＊13　等級は天体の明るさを図る尺度。星々の明暗を測るため、紀元前2世紀に古代ギリシアの天文学者ヒッパルコスが最初に星の等級というこの概念を提案した。等級の値が小さいほど、星は明るく見える。等級の値が大きいほど、その星は暗く見える。肉眼で見える最も暗い星を6等級とする。

シェルは倍率の異なる接眼レンズへと交換した（倍率200倍以上から900倍以上の接眼レンズへ）。接眼レンズの倍率が高くなるにつれて、この星の円盤はどんどん大きくなり、この星が恒星ではないことを示した。恒星ははるか遠いので、ずっと大きな口径の望遠鏡を使ったり、ずっと大きい倍率の接眼レンズに交換したりしても、ただの明るい点にしかならない。形相を持っているように見えるはずはないし、倍率の異なる接眼レンズへ交換するにつれて拡大されるはずはない。しかし、比較的私たちの地球に近い惑星ならば、望遠鏡の拡大機能でその表面を見ることができる。つまり、ハーシェルの見たこの星は、よりいっそう地球に比較的近い、太陽系の天体のようだった。

2. 新しい惑星と確認

　その当時、天文学者が持つ望遠鏡の口径はそれほど大きくなかった（通常は十数cm～数十cm）。天文学者たちは眼に見える比較的明るい天体をすべて観察してしまうと、多くの天文学者が特殊な天体の探索を専門に行った。彗星や星雲、星団などである。有名なメシエ天体表（メシエカタログ）はこの当時を代表する成果だ。当時、既にニュートンの万有引力の法則が知られており、天文学者は天体運行の軌道を計算できた。また、彗星の運行軌道も知られていた。彗星は非常に細長い軌道に沿って運行し、太陽に接近する時期に「尾」がなびき始める。太陽から遠く離れた場所ではまだぼやけた塊で、この時点では肉眼で見えない。しかし当時の小さな望遠鏡でも見えたので、新しい彗星の到来を予報できた。フランスの天文学者シャルル・メシエは当時「彗星狩人」と称えられた。

　ハーシェルが観察したこの未知の天体は彗星に似ていた。この星を連続して観察した時、ハーシェルはまたもこの星が恒星を背景にゆっくりと移動している現象を発見した（彗星がだんだんと太陽に近づくのと同様）。そこで、ハーシェルは最初に王立天文学会へ新しい彗星を発見したと報告した。

　この新しい彗星の報告によって、多くの人がこの天体を追跡・観察した。ところがしばらく観察した後、ハーシェルとほかの天文学者たち皆は、この星が彗星に似ていないことに気が付いた。彗星なら太陽にだんだんと近づくと、「尾」がはっきりとしてきて、望遠鏡の中では縁取りもだんだんぼやけて見えて来る。ところがこの「彗星」には、彗星の尾の伸びて来る兆しがなかった。

第 2 章 人類の眼の助け 29

ハーシェルと彼の望遠鏡

　しばらく観察した後、ハーシェルと他の天文学者たちは更に、この星の軌道がほぼ円形で、ますます惑星に似ていると算出した。1871年の秋になると、天文学界はようやくこの星が彗星ではなく、私たち太陽系の新しい惑星であることを、最終的に一致認定した。この惑星はのちに天王星と名付けられた。
　フランスの天文学者ピエール＝シモン・ラプラスは天王星の軌道パラメーターを正確に計算し、太陽からの距離が約19.2天文単位[*14]であると示した。当時、すでに知られていた太陽系で最も遠い惑星は、土星だった（土星は太陽から約9.5天文単位）。この土星に比べて、天王星の太陽からの距離は2倍である。

[*14] 天文単位は太陽系内の天体間の距離を測定する「物差し」である。つまり、1天文単位は太陽と地球の間の平均距離である。約1億5000万kmにあたる。

人類の認識する太陽系の境界を、2倍に広げることに等しい。ハーシェルが太陽系に新しい惑星を発見したことは、とても重要な、記念碑的な出来事であった。ここに、人類が太陽系の境界を探す新しい旅が始まったのである。

　天王星は望遠鏡を使って発見された最初の太陽系惑星である。当時、世界中の望遠鏡が天王星を観測していた。ところが時間が経つにつれて、計算した軌道で予測した天王星の位置と、実際に観測した天王星の位置に誤差が生じ始めた。しかも、その誤差はだんだん大きくなった。人々は天王星が必ずしもルールを守らないことや、太陽を回る公転軌道上で常に揺らいでいることに気付いた。そこで天文学者たちは推測した。おそらく天王星の外側にまた別の惑星があって、それが天王星の異常な動きを引き起こしているのだと。そのため、多くの天文学者は天王星よりも外側の、新しい惑星を探索することに尽力した。

3. 海王星の発見

　1846年のころ、イギリスの天文学者ジョン・クーチ・アダムスとフランスの天文学者ユルバン・ジャン・ジョゼフ・ルヴェリエは、それぞれが独自に天王星の軌道を研究・計算した。その結果は当時望遠鏡を保有していた各地の天文台に提供され、観測が進められた。この計算に基づいて、ドイツのベルリン天文台の天文学者ヨハン・ゴットフリート・ガレがある星（海王星）を観測した。太陽系でさらに遠い、また別の新しい惑星がついに発見された。すなわち、海王星である（太陽からの距離は約30天文単位）。これは「ペン先（計算のみ）による発見」と称えられ、天文学史上の美談となった。

第7節　ハッブル、フッカー望遠鏡により宇宙膨張を発見

　フッカー望遠鏡は1917年に建造され、アメリカのカリフォルニア州ウィル

第 2 章　人類の眼の助け　31

フッカー望遠鏡

ソン山天文台に設置された。主反射鏡の口径は100in（約2.5m）だ。建造後30年間、世界最大の望遠鏡の座を守り続けた。多くの重要な天文学の研究成果がこの望遠鏡から生まれた。その中には、有名なアメリカの天文学者エドウィン・ハッブルが長年このフッカー望遠鏡を使用して得た観測結果も含まれる。そしてハッブルによるこれらの結果の分析と計算は、天文学の発展に大きく貢献した。

1922〜1924年、ハッブルはアンドロメダ星雲の変光星[*15]のグループを観測し、それらの

エドウィン・ハッブル

---

*15　変光星とは明るさが変化する恒星を指す。

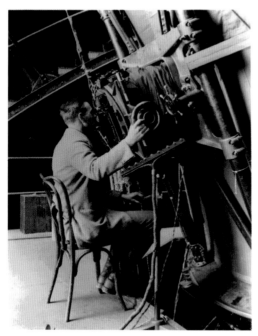
フッカー望遠鏡を使用するハッブル（1923年撮影）

距離は地球から数百万光年離れていると計算した。これは当時知られていた銀河の尺度をはるかに超えていた。したがって、いわゆる「星雲」が、実は銀河系の外にある銀河の系統（銀河と類似）、すなわち「系外銀河」であるという概念を得た。のちに、ハッブルは銀河を分類する研究も進めた。ハッブルは「銀河天文学の父」としても称えられている。

また系外銀河を研究する過程で、ハッブルはほとんどの銀河が私たちから遠ざかっていることを発見した。すなわち銀河は遠ざかり、しかも遠くにある銀河ほど遠ざかる速度は速いのだ。こうして、ハッブルは宇宙が今まさに膨張しているという驚くべき事実を発見した。この結論は常識を引っくり返すものだった。初期の天文学者たちはずっと宇宙は静止していると考えていたからだ。しかし、ハッブルの発見は人々に宇宙が膨張していることを伝えた。

宇宙が膨張することの意味は、どこにいてもどの方向を見ても、遠くの銀河がすべて私たちから遠ざかりつつあるということだ。逆に言えば、膨張する前のある瞬間に、これらの銀河はすべて一点に集まっていたはずで、その一点から膨張を開始し、現在の姿になったように見える。ハッブルの発見は、宇宙に時間と空間の始まりが存在していたことを暗示している。その始まりの時、宇宙が空間はゼロで密度は無限という特異点にあった。

1946年、アメリカの物理学者ジョージ・ガモフは、宇宙がある一点から始まったとする学説を正式に提唱した。ガモフの学説では、宇宙は約140億年前

宇宙のタイムライン（出所：インターネット）

に、非常に急激で激烈な膨張によって誕生したと考える。この学説は当時の同業者たちに、冗談めかして「ビッグバン」と呼ばれていた。そして今、大量の観測事実と理論的分析が「宇宙ビッグバン理論」を支持している。この理論は、天文学界の主流の科学者たちに受け入れられているのである。

第8節　現代の大型光学望遠鏡

　これまで述べたように、望遠鏡の第一の指標は口径である。望遠鏡の口径が大きくなるほど、面積は大きくなる。集約された光により焦点で集まったエネルギーはますます強まって、より遠く、より暗い天体を見ることができる。宇宙のより深い神秘を探るため、天文学者たちはより大きい口径の望遠鏡をますます必要としていた。

1. 望遠鏡技術の革新

　理論上、望遠鏡の口径は大きいほど好ましい。しかし、実際の製造工程では多くの制約を受ける。これらは一連の技術的な問題に関わる。伝統的な反射式望遠鏡を例に取るなら、丸ごとひと固まりで研磨し、さらにコーティングしたガラスを主鏡に用いて光を反射する方式である。望遠鏡の運用中に鏡面が歪まないように、主鏡のガラスはとても分厚く作られている。例えば、アメリカのパロマー山天文台にあるヘール望遠鏡だと、主鏡の口径は5.1m、重さは13tに達する。さらに鏡を固定する鏡筒や桁構え、回転を維持する駆動システムも加わり、望遠鏡全体の重量はとても大きくなる。重量による変形の問題が出ることは避けられない。補正することも非常に困難である。そしてこの問題は望遠鏡の精度や画像品質に響いてしまう。そのうえ、望遠鏡の口径が大きくなるにつれ、すべての段階の製造コストが跳ね上がった。天文学の歴史上、単一のガラスを研磨し、望遠鏡の主鏡に仕立てるなら、その口径は8.4mまででもう限界だった。

　1970年代以降、望遠鏡の口径をさらに広げ、より深く広い宇宙空間を探り続けるために、人類は大口径望遠鏡の製造において、さまざまな革新的な理念とハイテクノロジーの手段を発展させてきた。これらの新技術は望遠鏡の口径を拡大する限界を打ち破った。同時に望遠鏡の構造を簡略化し、望遠鏡の製造コストを削減した。

2. マルチミラー望遠鏡

　マルチミラー望遠鏡（Multiple Mirror Telescope，略称MMT）は1970年代に誕生した。複数の小型望遠鏡で受信した光を合成し、大口径望遠鏡と同等の効果を達成する試みである。

　MMTの原理は次のようになる。複数の口径の小さい望遠鏡の鏡筒を同じフレームに取り付け（ひとつのフレームに複数のミラー）、それらをすべて一緒に運用し、同時に同じ目標を指向するようにする。次に、それぞれの小型望遠鏡で受信した光束を共通の焦点に導く。光束を合成する処理を経て、目標の像が得られる。こうすることで、大型望遠鏡と同等の結像効果を実現する。MMTの設

計理念は「全体を分散する」ということなのだ。これで、大口径望遠鏡を製造するための、最も大きな制約条件が打ち破られた。この革新的な理念は、後の世代の大口径望遠鏡の開発に影響を与えた。

　MMTが天体を指向し追跡するすべての観測プロセスにおいて、それぞれの小型望遠鏡が歩調を揃え、共同で運用され、さらに光束を合成する正確性を保証するために、望遠鏡を取り付けるミラーフレームは高度に安定している必要がある。それぞれの小型望遠鏡の鏡筒も高度に自動制御されている必要がある。観測中、各小型望遠鏡の鏡筒の実際の位置は専用のレーザービームで測定される。そして、測定結果は主制御システムのコンピューターにリアルタイムでフィードバックされる。コンピューターによるリアルタイムの制御と調整によって、各小型望遠鏡の鏡筒が最初から最後まで一致して天体を指向することが保証される。最終的な目標は、光束を合成した星像が大型望遠鏡と同等の効

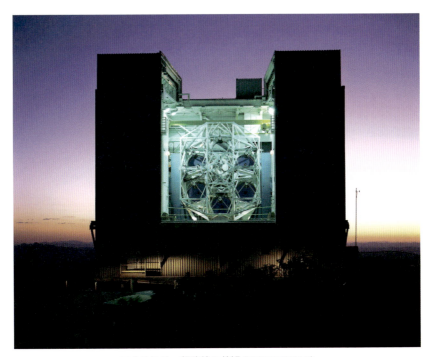

マルチミラー望遠鏡の外観（出所：MMTのHP）

果を達成することだ。

　世界初のマルチミラー望遠鏡は1971年にアメリカのスミソニアン研究所ホプキンス天文台とアリゾナ大学が共同開発し、1979年に実用化された。望遠鏡のオリジナルの構造は、6台の「独立した」小型望遠鏡の鏡筒が、同じ支持構造に、円形配列で取り付けられている。6台の望遠鏡にはどれも直径1.8mの主鏡とそれぞれの副鏡がある。すべて同じ支持構造に取り付けられているので、一致して天空の同じ領域を指向する。各小型望遠鏡が集めた光を光学技術で合成し、口径4.5m望遠鏡の有効集光面積を実現する。1979年に実用化された当時、世界で三番目に大きい光学望遠鏡だった。

　MMTはこの革新的な理念を利用して大口径望遠鏡を設計する最初の試みだった。大型望遠鏡をひとつ製造するよりも、小型望遠鏡を複数製造するほうが、はるかに簡単だと証明しただけではない。さらに、望遠鏡を設置する建物の規模もはるかに小さくなった。もちろんコストもはるかに低くなった。

3. 薄型ミラー、セグメントミラーと能動光学

　MMTは大口径望遠鏡を設計する考え方に革命をもたらした。しかし、MMTの光束を合成する技術は決して理想的ではなかった。理想的な光束合成を達成し、良好に合成された星像を得るには、各小型望遠鏡で集められた光が、共通の焦点で共焦点・共位相・共平面の要件を達成する必要がある。これは技術的にとても難しいことだった。しかしこれら複数の小型望遠鏡を組み合わせて、大口径望遠鏡と同等の効果にすること、それが望遠鏡の口径を拡大する開発方向だった。

　1980年代以降、世界中で大口径望遠鏡を製造する技術がさらに発展し、より多くの新しい方法と手段が生まれた。新世代の大口径望遠鏡はどれもひとつか、または複数の新技術を採り入れた。

　伝統的な望遠鏡だと、大口径望遠鏡の主鏡は表面の形を維持し、外界と自重による変形の問題を避けるために、どれもとても分厚く作られた。したがって、口径をさらに拡大することに制約があった。新世代の望遠鏡はいずれも薄く軽いミラーを使用した。こうした種類のミラーは薄すぎて変形しやすい。そのため、運行中にずっと正確な形状を維持できるとは限らない。しかし、軽く薄い

ために、容易に外力を加え、能動的にコントロールして、ミラーが変形する問題を克服できる。コンピューター自動制御技術の高度な発展と、それを望遠鏡制御システムへ応用することで、この仮想が実現した。

　ミラーの変形を克服するために、たくさんの小さいアクチュエーター（ミラーに外力を加えられる部品）が主鏡の背面に繋がれている。それぞれのアクチュエーターが加える力はコンピューターにより計算・コントロールされ、ミラーの各所に異なる力が加わる。すると大型の主鏡全体が、運行中は常に正確な形状を保つ。日本のすばる望遠鏡の主鏡（口径8.4mに達する）が薄型ミラーとミラーの変形を能動的にコントロールする技術を採用した。このような丸ごとひと固まりのミラーを使った大口径の望遠鏡が8mクラスに達することは、既にとても困難なことだった。

　望遠鏡の口径のさらなる拡大を追求して、人々はまたもさらに革新的な方法を考え出した。例えば大きいミラーをたくさんの小さく薄いミラーに分割し、再び繋ぎ合わせることで、大口径望遠鏡に相当する効果を生み出すというものだ。これがのちの大型望遠鏡が一般的に採用したセグメントミラー技術である。

　セグメントミラー望遠鏡の主鏡は通常、多くの扇形か六角形の小さいミラーを繋ぎ合わせてできている。それぞれの小さいミラーは繋ぎ合わされて大型ミラーの一部分になる。ひとつの大きなミラー全体から切り出したいくつかの小さなミラーと同じである。繋ぎ合わせた後のミラーには隙間がある。しかし、隙間が小さいのでさえあれば、結像には影響しない。受信するエネルギーの総量を少し失うだけだ。

　もちろん、セグメントミラーもすべての小さい単位でミラーの共平面・共位相・共焦点の問題を技術的に解決する必要がある。解決してこそ、繋ぎ合わされて等量の大きさになったミラーに、良好な結像品質を与えてくれる。そのため、セグメントミラーの後ろにも、必ずコンピューターで制御されたアクチュエーターのネットワークを繋がなくてはならない。そしてそれに合わせて、ミラー形状を高精度に測定し、リアルタイムで補正する。こうしてこそ、接合された合成ミラーは大口径望遠鏡と同等の機能を果たせることが保証される。

　人々はアクチュエーターによる張力補正や、ミラー形状の測定、コンピューターによる総合コントロールなどの部分を連携して動作させる。それによって

大型望遠鏡のミラーを理想的な形状に保ち、天体の最良の結像を得る技術は、薄型ミラー（またはセグメントミラー）能動光学技術と呼ばれる。能動光学技術の応用によって、より大口径の望遠鏡の製造が可能になった。

　能動光学という名前は次のような意味合いがある。システムが大型ミラーの形状を能動的にコントロールして、重力・風力・温度変化・機械の応力による変形といった環境要因の影響を食い止める。そうすることで、大型ミラーが常に最良の結像状態にあることが保証される。能動光学は大型ミラーの歪みの変化を秒単位で埋め合わせ、コントロールする。

4. 補償光学（適応光学）の技術

　補償光学は、大気の揺らぎに引き起こされる光波のウェーブフロントの歪みに対して開発された光学ミラー補正技術である。

　ウェーブフロントの概念には、光の物理的な性質（粒子）と伝播特性（波動）が関係する。光の本質は粒子である。ところが伝播する時、光の本質は波動性として現れる。他の物質だと、例えば水は水分子（粒子の一種）から組成されている。水の波も一種の波動である。波源から外側へ伝播でき、波の山と波の谷がある。水の波を例にすると、波の山と波の谷では水分子の振動する状況が異なる。しかし、すべての波の山にある水分子は同じように振動し、すべての波の谷にある水分子も同じように振動する。物理学では、これらの伝播中に同じ振動をする点（または面）を繋げた線を、波面と呼ぶ。同一波面上の各点の振動位相は同じである（水の波の波頭面と同様）。等位相の波面で出来る曲面をウェーブフロントと呼ぶ。波が乱されていない時にウェーブフロントは整っていて、波が乱された時にウェーブフロントは歪んでしまう。これは軍事パレードが整然と行進するときの様子で想像できる。行進する様子を進む方向に対して写真で垂直に切り取ると、歩調は一致している。この切り取られた写真の切断面はウェーブフロントに似ている。もし何らかの妨害を受けると、隊列は整然としたものではなくなる。

　これまで述べたように、地球表面の大気は望遠鏡による宇宙・星空の観測に影響を及ぼす。大気は透明だが、流動的でもある。大気は星空の目標から放射されて来た「一致した歩調」の光に「歪み」をもたらし、最終的な結像品質に影

軍事パレードでの行進隊列 (出所:インターネット)

響を及ぼす。補償光学の研究と応用が、この問題の解決を助けてくれる。

　補償光学ではまず、星光のウェーブフロントの歪みを測定する必要がある。次に、望遠鏡の焦点面の後ろに取り付けた小型の形状可変ミラーが、星光のウェーブフロントの変化をリアルタイムで補正する。形状可変ミラーの背面はアクチュエーターにコントロールされる。星光のウェーブフロントの変化に基づいて、形状可変ミラーは随時自分の表面形状を変化させる。この働きで大気に掻き乱された光波のウェーブフロントを適正化する。補正して出力した光波は整然と一致したものになり、画像の品質が改善する。アクチュエーターの数

補償光学を活用しないミラー

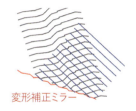

補償光学を活用したミラーが光波を調整する

は、望遠鏡によって数十個から数千個までさまざまである。補正するたびごとに、大気乱流の周波数範囲内（通常は0.5〜1ミリ秒）で補正を完成させる必要がある。したがって、補償光学はより短いタイムスケールでミラーの補正を実行し、画像に対して大気の引き起こした歪みの影響を埋め合わせる。

補償光学は能動光学とは異なる。補償光学は、重力などによる主鏡の変形が、星像の品質に及ぼす影響を調整するものではない。そのかわり、乱気流などの要因が引き起こす星像の品質への影響を補正し、修復するために補償光学を活用する。

能動光学と補償光学の発展は、望遠鏡の設計アイデアに、新しい超越性をもたせてくれた。次第次第に、大型の光学望遠鏡で、広範に使われる技術になっていった。そして、次世代のさらなる大口径望遠鏡の建設へと道を開いた。

第9節　多周波数帯天体望遠鏡

多周波数帯天体望遠鏡を理解するには、まず宇宙放射線の電磁スペクトルを理解する必要がある。宇宙の物体が感知されるのは、物体が外界へ電磁波を放射するからだ。そして、さまざまな電磁波はすべて波の形で外へ伝播する。異なる電磁波の主な区別は、その波長または周波数の違いにある。科学研究がこれらのことを私たちに教えてくれている。

電磁波は波の伝播性質に合わせ、空間を波の形で伝播する。波長は通常、ギリシア文字の λ（ラムダ）で表し、ひとつの振動周期のなかでの伝播距離を指す。つまり、同じ振動位相をもつ隣り合わせた2点間の距離である。波動の速さは周波数で表す（通常、ギリシア文字の ν を使用、読みはニュー）。周波数とはつまり、単位時間あたりに通過する波の数である。電磁波は波長が長いほど、周波数が遅くなる。反対に、波長が短いほど、周波数が速くなる。

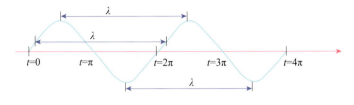

電磁波の伝播性質
注：λは波長を、tは周期を指す

　通常、私たちの言う光とは人類の眼に見える電磁波を指し、または可視光とも呼ぶ。この可視光とは、電磁スペクトルで400〜700nm[16]の波長を持つ放射である。可視光以外の、宇宙の物体が放射する電磁波のその他の周波数帯は人類の眼に見えない。例えば、赤外線・紫外線・X線・マイクロ波や無線電波などは見えない。これらの電磁波に対しては、鋭敏な材料を用いた測定器を使って、ようやく感知できる。
　私たちの住む惑星には、生命を繋ぎとめるために必要な濃厚な大気がある。ところが、この大気層は宇宙放射線に色々な影響と作用（吸収・散乱・反射など）も及ぼす。いくつもの周波数帯の放射線が大気層のために、地上まで到達できない。地球の地面に到達するまで放射できる周波数帯のことを、通常は「大気の窓」と呼ぶ。
　波長400〜700nmの可視光の窓は、最も重要な「大気の窓」である。光学望遠鏡はこの手の宇宙放射線が受信できるのである。
　波長範囲700nm〜1000μm[17]の赤外線の窓だと、この周波数帯域に対する大気の通過率は、ところどころで、赤外線の一部の波長しか大気を通過できない。ここで大気の通過率が高くないというのは、主に大気のさまざまな層と成分が、さまざまな周波数帯の放射線を吸収することを指す。もし大気を完全に通過するというなら、それは大気が放射線を吸収したり、弱めたりしていないと

---

*16　ナノメートルは長さの単位、nmで表す。光の波長を表すことによく用いられる。1nm $= 10^{-9}$ m。
*17　マイクロメートルは長さの単位、記号はμmで表す。1μm＝0.001㎜、すなわち1μmは1㎜の1000分の1である。

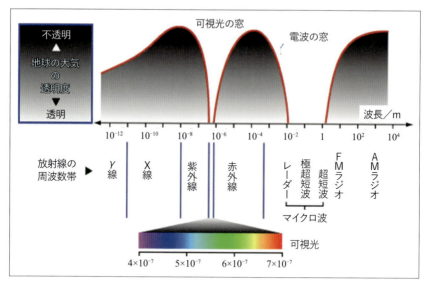

電磁放射線の「大気の窓」の略図（出所：インターネット）

いうことを意味する。天体観測には、7つの、比較的狭く、大気の通過率の高い、赤外線の窓が常用される。例えばJバンド〔周波数帯のことをウェーブバンド、略してバンドと呼ぶ〕（波長約1.2μm）・Hバンド（波長約1.6μm）・Kバンド（波長約2.2μm）・Lバンド（波長約3.6μm）・Mバンド（波長約5.0μm）・Nバンド（波長約10.6μm）・Qバンド（波長約21μm）である。天体観測で、通常の光学望遠鏡は、受光器の前に赤外線バンド濾波器を追加すると、宇宙の赤外線信号が捉えられる。

電波の窓は無線電波の窓とも呼び、波長が1mmを超える電磁波のことである。地球の大気層は電波の周波数帯でも少量を吸収する。しかし、40mm〜30mの波長範囲だと、この周波数帯の放射線は大気をほぼ完全に通過する。天体観測では、通常1mm〜30mの波長範囲を電波の窓と呼ぶ。

紫外線・X線・γ線といったその他の周波数帯の放射線は、基本的に大気を通過できない。これらの周波数帯で天体観測を実施するには、対応する望遠鏡を大気圏外の宇宙に打ち上げる必要がある。

第10節　電波望遠鏡

　中国の電波望遠鏡「天眼」を紹介する前に、まず電波望遠鏡の原理と発展の道のりをみてみよう。

1. 無線電波の作用

　無線電波は電磁波の一種である。しかし、必ずしもすべてが宇宙からの放射線ではない。人類も無線電波を発信できる。よく使われるラジオが音を伝播する搬送波は、その周波数帯域の無線電波を利用する。人類は振動回路で発生する交流電流によって、一種の電波を発生させ、その電波をアンテナから空中に発信し、遠くへ伝播させることができる。遠くにある受信機も、同じようにアンテナを通して、これらの電波を受信できる。伝送プロセスに電線を繋ぐことがないため、無線電波と呼ぶ。

　無線電波は空間を伝播中に、妨げるものがない限り直線で伝播する。もしさまざまな物体で妨害に遭うと、反射・散乱・回折などの特性を示す。さらに、小型の無線送信・携帯電話の通信信号・自動車の点火・電力線のノイズ・工場のノイズなど、いくつもの人工的に発生した電波（またはノイズ）が、信号を妨害し、受信する信号の純度に響いてしまう。

2. 無線探測と距離測定——レーダー

　レーダーは英語のRadarの音訳である。しかし、Radarという言葉自体がまたもや別のradio detection and rangingという一揃いの言葉の略語である。この言葉の意味は、無線探測と距離測定だ。さらに具体的に述べると、無線方式を使って目標を発見し、目標の空間位置を測定するという意味だ。レーダーは無線電波を発信できる装置だ。目標に向け無線電波を発信し、その反射波を受信する。そうすることで、目標からレーダーの電波発信機までの距離・速度・方位・高さなどのデータを得られる。したがって、目標の空間位置と運動の

データが捉えられる。

　レーダーは第一次世界大戦中に初めて登場した。敵機の空襲に前もって警報を発するため、並びに空中戦で敵機目標を探すために、発展した技術だ。第二次世界大戦中、レーダーの技術は更に大きく発展した。地対空・空対地・空対空など、敵対目標の識別に必要な、多くの機能と技術が登場した。第二次世界大戦後もレーダー自体の技術は発展し続けている。現在に至るまで、軍事・通信などの分野で幅広く利用されている。電波天体望遠鏡は、レーダー技術の助けを借りて発展してきた天体観測の「利器」なのである。

3. 電波天文学の発展

　電波天文学は、電波天体望遠鏡が受信した宇宙天体の放射線（無線電波の周波数帯の信号）を通して、天体の物理的・化学的な性質を研究する、天文学の一分野である。

　無線電波の発生源が宇宙放射線であることを最初に発見・特定したのは、アメリカのベル電話会社の無線技士カール・ジャンスキーだった。1930年代にジャンスキーは短波無線通信中の妨害要因を研究していた時、意図したわけではなく、受信アンテナで不思議な電波を受信した。この電波は毎日繰り返し現

注：ジャンスキーは自作したこのアンテナを使い、宇宙からやって来る電磁放射線を最初に発見した

ジャンスキーと彼の受信アンテナ

れた。ところが現れる周期が、私たちの生活に使う太陽時と違っていた。その周期は恒星の出没と一致する恒星時だった。のちの研究でようやく分かったことに、この不思議な電波は、銀河系の中心からやって来る電磁放射線（一種の無線電波）であったのだ。

　これは、人類が最初に受信した宇宙空間からの無線電波だった。人々は従来の光学的な「大気の窓」以外に、さらにもっと豊かな宇宙からの情報を観測できる別の窓があることを発見した。ここから、真新しい天文学の研究分野──電波天文学が、始まった。電波天文学の発展においては、第二次世界大戦後に、レーダー技術に基づいて発展してきた電波望遠鏡こそが重要な役割を果たしており、その恩恵にあずかった。

4. 電波望遠鏡

　電波望遠鏡はレーダー技術に基づいて発展してきた。電波天文学の最初の始動と発展は、第二次世界大戦後に退役した多くのレーダーが「軍用品の民間転用」となり、その恩恵にあずかった。しかし、電波望遠鏡の作動方式はレーダーの作動方式とは少し異なる。レーダーはまず無線電波を発射し、その後物体の反射する電波を受信する。電波望遠鏡は一般的に天体の放射した無線電波を受信するだけなのだ。

　古典的な電波望遠鏡の基本原理は反射式光学望遠鏡と似通っている。通常、反射面（無線電波受信機のアンテナに相当）で電磁波を受信し、反射して主焦点に集める。そして、主焦点に受信機（フィード）を設置して、集まった信号を受信する。回転放物面（パラボラ式）ならば信号が一点に集められて、位相同型で焦点を結びやすい。このため、電波望遠鏡の受信アンテナ（反射面）は、ほとんどが放物面を採用している。

　フィードとは広範に無線電波装置の受信機を指す。フィードは受信アンテナ（反射面）の焦点にあり、焦点に集まった信号（増幅したエネルギー）を送り出すことができるため、「エネルギーを送り出す源」になる。電波望遠鏡は天体の放射する信号をアンテナ（反射面）で受信し、その反射面で反射させてピントを合わせ、信号を焦点に集め、フィード受信機に送る。電波望遠鏡のフィードの位置付けは、反射式光学望遠鏡の主焦点に類似している。フィード装置の中には、

電波望遠鏡（出所：アメリカ国立電波天文台）

電波信号を受信する感知器と信号をコンピューターに送り出すユニットがある。

　電波望遠鏡の発展に伴い、その外見にもいくつか違いが現れた。主反射鏡を地面に固定した単一口径の球面電波望遠鏡、反射鏡とフィードを固定し一緒に全方位へ回転できる全方位回転式電波望遠鏡、複数の小型電波望遠鏡を一定の形に並べたアレイ式電波望遠鏡などである。

　第二次世界大戦の終結後、イギリスが真っ先に天体観測用の電波天体望遠鏡を建設した。イギリスのマンチェスター大学は1946年に直径66.5 mの固定式パラボラ電波望遠鏡を建造した。さらに1955年、当時世界最大の回転式パラボラ電波望遠鏡が完成した。電波望遠鏡の発展してきた過程も同じように、口径が拡大し続け、解像度・感度が向上し続ける過程を経てきたのである。

　アメリカはプエルトリコのアレシボ渓谷に天然の噴火口を利用してアレシボ電波望遠鏡を建設し、1963年に完成させた。FASTが完成する以前、これは世界で完成済みの最大の単口径球面電波望遠鏡だった。アレシボ電波望遠鏡の反射鏡の口径は305 mで、1970年代に350 mへ拡張された。固定式望遠鏡で、回

第2章　人類の眼の助け　47

アレシボ電波望遠鏡（出所：アレシボ天文台HP）

転はできない。フィードの位置を変えることで、天空のある一帯をスキャンできるだけだ。

1972年、旧西ドイツはエッフェルスベルグ電波望遠鏡を建造した。これは直径102m、当時世界最大の全方位回転式電波望遠鏡で、ドイツのボン市から西南へ約40kmの谷に位置する。この望遠鏡は幅広い周波数帯（3mm〜90cmまで）を観測するだけでなく、より高い感度と解像度を備えている。そのため、ミリ波パルサーの観測のみならず、電波銀河[18]・活動銀河核[19]・星間分子[20]などの観測でも多くの成

エッフェルスベルグ電波望遠鏡
（出所：エッフェルスベルグ電波望遠鏡HP）

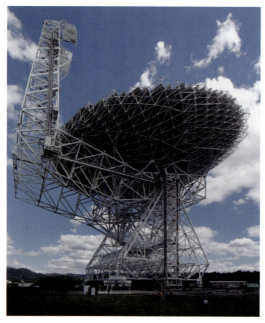

グリーンバンク望遠鏡
(出所：グリーンバンク望遠鏡HP)

果を挙げている。

2000年、アメリカは新世代の「全方位回転式電波望遠鏡の王者」を始動させた。グリーンバンク望遠鏡である。現在、これは世界最大の全方位回転式電波望遠鏡だ。アメリカのウェストバージニア州、グリーンバンク山地に設けられたことに因んで名付けられた。そのアンテナ形状は100m×110mの皿型で、2000枚以上のアルミパネルが嵌め込まれている。1秒あたり1Gバイトに近いデータ量が得られる。グリーンバンク望遠鏡は、主に宇宙の幅広い周波数帯の原子と分子スペクトルおよび系外銀河の研究に使用されている。系外銀河の信

＊18 電波銀河とは、電波光度が通常の銀河よりもはるかに大きい活動銀河を指す。電波銀河に光学的に対応する天体はほとんどが楕円型の銀河になる。

＊19 活動銀河核とは通常の銀河核よりも活動性の強い銀河核を指す。活動銀河核の属する銀河は、明るい核・非熱的連続スペクトル・鮮明な輝線・大きな光学的変化・強力な高エネルギー光子を放つ能力といった特徴のほとんどか、あるいはすべてを備えている。

＊20 星間分子とは、星間空間に存在する無機分子と有機分子を指す。かつて宇宙空間には恒星・星団・惑星・星雲といった天体物質を除いて、その他の物質は存在しないと考えられていた。その後、星間空間はさまざまな小さい星間塵・薄い星間ガス・さまざまな宇宙線や粒子の流れなどで満ちていることが発見された。1960年代、星間空間で多くの有機分子雲が発見された。有機分子雲にはさまざまな複雑な有機分子が含まれていて、当時の天文学界にセンセーションを引き起こす一大事となった。

号の高度な「発見者」と称えられている。人々は、グリーンバンク望遠鏡が、地球外知的生命体の発する無線電波信号を受信し、真偽を見分けることにも期待を寄せている。

電波天文学が誕生してたった数十年間に、人類は宇宙に3万個以上の電波源を発見し、100億光年はるかかなたの銀河を「見」た。1960年代の天文学で有名な「四大発見」、すなわちクエーサー・パルサー・星間有機分子・宇宙マイクロ波背景放射の発見は、すべて電波望遠鏡の観測で得られた。これはコペルニクスの「地動説」に続き、天文学の「第二の革命」だった。現在では、口径が数百mにも及ぶ単一口径電波望遠鏡がある。さらに、相対口径（または等量口径や基線〔ベースライン〕と呼び、望遠鏡間の距離を表す）が数千kmにも及ぶ電波望遠鏡群（Array、アレイ）もある。近い将来、これらの大規模な電波望遠鏡装置を使用して、より深く遠い宇宙を観測することが期待できよう。これによって、人類は宇宙の運行メカニズムと進化の情報をよりよく理解できるのである。

第11節　1960年代、天文学分野における有名な「四大発見」

1. クエーサーの発見

クエーサーは恒星状天体あるいは準星とも言う。その恒星状天体という名前の通り恒星に似た天体だが、恒星ではない。恒星に似ているというのは、望遠鏡で観測するとひとつの恒星のような小さな点に見えることを指す。そして恒星ではないというのは、クエーサーの輝度が銀河ひとつ分の発する光度に似通っていることを指す。ふつう、望遠鏡で見える銀河は雲霧のように広がった形状をしている。ところが、クエーサーは恒星のような点源に見える。このため、長きに亘ってクエーサーは天文学者を困惑させる天体だった。

クエーサーの発見は一朝一夕ではなかった。早くも1960年にアメリカの天

文学者アラン・サンデージはパロマー天文台で口径5mの光学望遠鏡により、電波源カタログで3C48と番号を付けられた星体に光学的に対応する天体を見つけ出した。そして、3C48のスペクトルには、不思議な位置にいくつか広く明るい輝線があることを発見した。その後、人々は同じカタログで他にもいくつもの電波源を次々と観測した。さらに発見できたことは、それらの光学的に対応する天体はとても小さく、恒星とたいして違わないにもかかわらず、それらの明るさが異常だったことである。1963年、アメリカの天文学者マーティン・シュミットはこれらの天体のスペクトルと既知の電波銀河のスペクトルが同じであることを測定した。さらに、シュミットはこれらの輝線が具体的に水素輝線であり、ただ赤色光の方向へかなり大きく移動したに過ぎないことを、つまりこれらの輝線の赤方偏移が非常に大きいため、スペクトル線を識別しにくいことを発見した。

　天文学者たちは、赤方偏移が宇宙空間の膨張の結果であることを知っていた。3C48の赤方偏移は光速の3分の1までの退行速度に換算された。これは、3C48が私たちから非常に離れているのに、非常に明るい天体であることを示していた。そこで科学者たちは、このように光学的な形態からして恒星のようだが、その本質は恒星とはまったく異なる天体を恒星状天体あるいは準星、すなわちクエーサーと名付けた。

　クエーサーは銀河よりもはるかに小さいが、銀河の千倍以上のエネルギーを放出する。人類に観測された天体のなかでも非常に遠く離れている。赤方偏移の大きいクエーサーは地球から100億光年以上離れていることもある。クエーサーの異常な明るさは100億光年離れた場所でも観測できるのだ。科学者たちは、クエーサーを地球から非常に遠く、非常に高いエネルギーを持つ活動銀河核の一種と考えている。

　赤方偏移とは正しく何だろうか？

　赤方偏移現象とは、光波のドップラー効果だ。私たちの知る通り、可視光には色彩がある。赤・橙・黄・緑・青・藍・紫に分けることができる。これら7色の違いはこれらの波長（または周波数）がわずかに異なることだ。赤色光から青色光へ、その波長は順々に短くなる。そのため可視光の波長が変化すると、人間は色彩の変化を感じ取る。例えば天体が私たちから遠ざかると、その天体

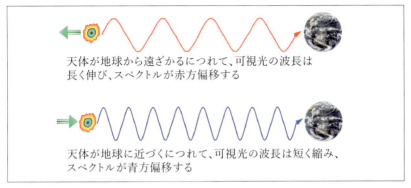

赤方偏移と青方偏移の略図

赤方偏移現象の波長変化の略図

の可視光の波長は長く「伸びる」。その天体の可視光スペクトル線は赤色光の向きにシフトしたことが測定できる。この現象を赤方偏移と呼ぶ。逆に天体が私たちに近づいて来ると、その天体の可視光の波長は短く「縮む」。そして、その近づいて来た天体の可視光スペクトル線は青色光の向きにシフトしたことが測定できる。この現象を青方偏移と呼ぶ。

2. パルサーの発見

　パルサーの発見はイギリスのケンブリッジ大学キャベンディッシュ研究所のアントニー・ヒューイッシュ教授門下の大学院生、ジョスリン・ベルの謹厳で注意深い研究と、鋭敏で絶えざる探求心に因るものだ。なぜなら、ベルより以

前にこの種類の信号に遭遇した人はいたが、妨害信号と思われて見落とされていたからだ。パルサーの発見のチャンスをみすみす逃していたのだ！

　1967年、ジョスリン・ベルが3.7ｍの電波アンテナ（電波望遠鏡の受信アンテナ）で研究していた時、大量の記録の中から有用なデータを探し集める必要があった。記録されたデータを識別していた時、ベルは、小狐座に予想しなかった規則正しいパルス信号を発信する星があることを発見した。パルスの周期は非常に短く約1.337秒だが、その信号は安定していた。最初、ベルと指導教官のヒューイッシュ教授はこの信号を「リトルグリーンメン」のような宇宙人からの連絡信号だと思った（当時、宇宙人を「リトルグリーンメン」と表現するSF小説があった）。ところが、その後半年ほどで、ベルはさらに異なる方向からもいくつかのパルス信号を発見した。あれほどにも遠く離れて、宇宙人が地球に向かって同時に同じような信号を送っているということはありえない。その後、彼らはこれが未知の天体からの信号であることを確認し、そしてこの種類の天体が発する信号の特徴からパルサーと名付けた。のちに、これが初期の物理学者の予言した中性子星であることが実証された。

　パルサーの発見は天文学発展の過程において一大事だった。この発見は「1960年代の天文学四大発見」のひとつに挙げられている。アントニー・ヒューイッシュ教授はこれにより、1974年にノーベル物理学賞を受賞した。ベル女史はさまざまな理由で指導教官のヒューイッシュ教授とノーベル賞を共有しなかった。しかし、天文学界はベル女史をパルサーの発見者と公認している。

3. 星間有機分子の発見

　星間有機分子は星間空間に存在する有機分子である。19世紀の初め、天文学者たちの観測により、星間空間は真空ではないことがはっきりと分かった。しかし、星間物質の90％以上は非常に薄いガスで、また星間空間の温度は非常に低く、通常は－200℃以下だ。光学望遠鏡ではまったく観測できない。1944年、オランダの天文学者ファン・デ・フルストは星間空間での水素原子の活動が波長21cmの電波を放出することを理論的に推測した。1951年、天文学者は電波望遠鏡でやはりこの放射線を検出した。

　続いて、科学者たちは電波望遠鏡でさらにヒドロキシ基（－OH）・アンモニ

ア（NH₃）・水・ホルムアルデヒド（HCHO）などの星間分子の情報を探測した。現在、科学者たちは既に100種類以上の星間分子を続々と発見してきている。そのほとんどは有機分子だ。

　星間有機分子の発見により、人類は星雲や恒星の進化の過程をさらに深く理解できるようになった。同時に、地球外生命体が存在する可能性も広がった。そのため、この発見は「1960年代の天文学四大発見」のひとつに選ばれた。

4. 宇宙マイクロ波背景放射の発見

　1960年代の初めに、衛星通信の品質向上のため、アメリカのベル研究所のアーノ・ペンジアスとロバート・W・ウィルソンは高感度のホーン型受信アンテナを建設した。彼らは研究中に思いがけないノイズを発見し、ノイズを排除するために最善を尽くした。ペンジアスとウィルソンはこの不思議なノイズを取り除くため、粘り強く努力した。甚だしきに至っては、ホーン型アンテナの中に鳩が残した糞がこれらノイズを生じさせる「元凶」ではないかとさえ疑った。そこで、1965年の初めに、ペンジアスとウィルソンはアンテナ全体を分解し、徹底的な洗浄を行った。しかしあらゆる努力を尽くしても、天空のあらゆる方向からやって来るこの不思議で共通した性質のノイズを取り除くことはできなかった。ちょうどその時、ペンジアスとウィルソンはプリンストン大学のディッケ教授の率いるチームがまさに「初期宇宙は残存放射を留めているか」という問題を研究していると聞き付けた。ディッケチームはもう既に低ノイズのアンテナ1台を建造し、この放射を測定することに着手していた。そこでこれらふたつの科学者チームが集まり討論の末、同じ結論に到った。この振り払えないノイズはまさしくプリンストン大学研究チームが探すつもりでいた「宇宙マイクロ波背景放射」だったのだ。

　宇宙マイクロ波背景放射は20世紀天文学の重大成果のひとつである。「1960年代の天文学四大発見」のひとつでもあり、宇宙論の研究に奥深い影響を与えた。この発見により、ペンジアスとウィルソンは1978年にノーベル物理学賞を受賞した。これは偶然の発見だったが、彼らの深く精通した技術や粘り強く科学を探求する精神から切り離すことはできない。

第12節　開口合成法とアレイ式望遠鏡

　電波望遠鏡の構造も反射式の構造を採用している。口径が大きくなるほど解像度と感度が高くなるという法則に従うわけで、電波望遠鏡の発展も、かつての光学望遠鏡と同じ問題に遭遇した。つまり、反射鏡アンテナを無限に大きくすることはできないのだ。これは電波望遠鏡の急速な発展にとって「足枷」となった。

　開口合成法の技術は、電波望遠鏡の口径を拡大するために発展した革新的技術である。開口合成法を研究開発したのはイギリスの天文学者マーティン・ライルで、ライルは1974年にパルサー発見者の一人であるヒューイッシュと共同で、ノーベル物理学賞を受賞した。

　開口合成法の技術は、1950年代に初めて登場した。その原理は、複数のサブアンテナの口径で集められた信号を統合し、コンピューターで信号を処理してから、大口径望遠鏡と同等な効果へとなぞらえる方法である。開口合成法の技術を使うと、小口径の電波望遠鏡グループのアンテナを、一定の陣形に配列できる。観測中は、天空の同じ領域を共同で指向するように、アンテナアレイを操作する。アレイ中のすべての望遠鏡で受信した信号は電気信号に変換され、コンピューターに伝送される。そしてコンピューターを使いすべての信号を統合的に処理し、最終的に、対応した天空の領域の統合的な画像を作り出す。この画像がそのアレイで等量にした仮想大口径望遠鏡の結像効果である。開口合成法の技術によって、電波望遠鏡の口径を拡大する試みが成功した。他の周波数帯域を観測する望遠鏡の発展にも、参考プランになった。

　開口合成法またはアレイ式望遠鏡で等量にした大口径望遠鏡のパラメーターの意味と、単一開口望遠鏡のパラメーターの意味とは異なる。前述したように、完全な単一口径電波望遠鏡の解像度と感度はその口径に関連している。具体的には、望遠鏡の解像度は口径に直接関係しているが、感度は主鏡の面積に関係している（単一開口であるなら、望遠鏡の口径に関係している）。アレイ式望遠鏡の面

天の川と電波望遠鏡アレイ（出所：アメリカ国立電波天文台HP）

積は不完全なものだ。その等量口径は基線の長さ（すなわち配列された望遠鏡間の最大距離）に等しくなる。しかし、アレイ式望遠鏡の面積はアレイ内にあるすべてのサブ望遠鏡の合計面積によって決まる（等量口径とは関係がない）。したがって、アレイ式望遠鏡の解像度と感度はそれぞれアレイ内の異なったパラメーターによって決まる。

　アレイ式望遠鏡の解像度は等量口径と関係している。等量口径が大きいほど、解像度は高くなる。このため、いくつか小さい面積の望遠鏡を使い、距離（基線）を引き離して同時に観測するだけで、高い解像度も得られる。しかし微弱な信号を測定するには（高い感度を備える必要がある）、エネルギーを集めるため望遠鏡は広い面積を必要とする。アレイ式望遠鏡は面積を大きくしたいなら、アレイの中にできるだけ多くの小口径望遠鏡を配置する必要がある。つまり、等量化した大口径望遠鏡の面積を、より多くカバーするとも言える。したがって望遠鏡の解像度を向上させるには、等量化した大口径望遠鏡の範囲内に、少ない台数の小口径望遠鏡を配置するだけでよい。逆に望遠鏡の感度を向上させて微弱な目標を観測するには、等量化した大口径望遠鏡の範囲内に、多くの台

数の小口径望遠鏡を配置するか、またはそれぞれの小口径望遠鏡の口径をさらに大きくして、効率をさらに向上させる必要があろう。

第13節　超長基線電波干渉計

　超長基線とは通常なら数千kmか、甚だしきに至っては地球を尺度とする基線の長さを指す。基線が長いほど、角分解能が向上する。
　1980年代以降、ヨーロッパの多くの超長基線電波干渉計（Very Long Baseline

EVNシステムにおける電波望遠鏡観測拠点（出所：EVNのHP）

Interferometry，略称VLBI) が、既に相互にネットワークを接続して観測し、ネットワーク内で結ばれた点の間で、最長距離（基線）に相当する等量口径が得られている。ヨーロッパのVLBIネットワーク（European VLBI Network，略称EVN）は主にヨーロッパに位置し、アジアにまで及んだ電波望遠鏡のネットワークシステムである。その後、南アフリカやプエルトリコなどの国や地区のアンテナも加わっている。このネットワークに接続した電波望遠鏡は協調して作動し、同じ天空領域の目標を一緒に指向することができる。ひとつの、等量口径の巨大な望遠鏡を形成し、宇宙の電波源に対して高空間分解能の観測を実現する。

　アメリカは超長基線アレイ（Very Long Baseline Array，略称VLBA）を作り上げた。これは、10ヶ所の観測拠点で超長基線アレイを構成している。これらの観測拠点は最大8000kmの距離（基線）に位置し、アメリカ合衆国の各地に分布している。それゆえに、基線を口径とする巨大望遠鏡と等量な解像度が得られる。超長基線アレイの各観測拠点は、すべて口径25mの電波望遠鏡である。各望遠鏡で捕捉した電波信号は増幅され、デジタル化処理をされてから、相関器と呼ばれる大型コンピューターへ送られて、処理される。データ合成と視覚化処理により、VLBAは世界で最も強力な「電波信号カメラ」のひとつ、ということができよう。

　ここまで紹介したのはすべて、新世代電波望遠鏡の「代表」である。これらの電波望遠鏡は、感度、解像度および観測する周波数帯において、従来の望遠鏡を大きく上回り、電波天文学を天文学研究領域の重要な分野にし、天文学の

アメリカのVLBA。10ヶ所の観測拠点で超長基線アレイを構成する（出所：VLBAのHP）

発展に新しいチャンスをもたらした。

第14節　望遠鏡の多大な影響

　天体望遠鏡の応用は私たちの宇宙観を根底から変えてしまった！　天体望遠鏡で最初に星空を観測したことは、科学史において、とても画期的な出来事だった。2009年に国際天文学連合とユネスコは共同で、世界天文年2009の活動を開始した。これは1609年にガリレオが天体望遠鏡を発明し、それを使って星空を観測してから400周年になることを記念するものだ。世界天文年の目標は、全世界の人々に、天文学の知識を広め普及し、果てしなく広い宇宙に対する全人類の理解を高めることだ。

　望遠鏡は宇宙を観測する用具であるだけでなく、人々がハイテク技術を開発した知恵の結晶のひとつでもある。望遠鏡技術の毎度の発展と飛躍は、すべて最新にして最先端技術の集大成なのだ。現代の望遠鏡製造業は今日の産業界や技術界の「誇り」となっている。

　人々がこれらの巨大な天体望遠鏡を見学する時、眼に入るものは何だろうか。望遠鏡の構造がどれほど複雑であるか、運用がどれほど軽やかであるか、天空の目標をどれほど精密に狙うか、膨大なデータをどれほど得るかといったことである。望遠鏡は途切れることなく、宇宙の奥深く微弱な情報を眼の前に示すことができる。望遠鏡は一枚また一枚と宇宙の奇観絶景図をスケッチしているのだ。私たちの心は、人類の創造力と大自然の神聖さや威厳に驚かずにはいられない。人類は一世代ごとにますます大きい望遠鏡を、ひとつひとつがますます精密な天文機器を、それぞれ特大サイズのものを開発・建造してきた。これらはすべて、人類の科学技術に対してさらに高い要求を打ち出し、人類の製造業のレベルをさらに新しい挑戦に直面させた。望遠鏡の新技術を設計・製

第2章　人類の眼の助け　　59

アタカマ大型ミリ波サブミリ波干渉計の超高画質魚眼視角による
光り輝く天の川（出所：ESO Ultra HD Expedition）

造する過程でぶつかった困難に直面し、発展してきたそれぞれの革新的なアイデアと大胆な試行は、すべて人類のハイテクノロジーや精密機器の製造に大きく貢献したのである。

第 3 章
「中国天眼」の夢

第1節　夢を築く

　天文学には多くの分野がある。ただ研究活動の性質という側面からすれば、天文理論研究と天文技術研究の、大きく2つに別けることができよう。中国における新時代の天文学研究は、理論的にも技術的にも、他の先進国より遅れて始まっている。とりわけ天文技術研究の分野となると、1980年代以前の中国では、独自の知的財産権を自負するような大型かつ専門的な天体望遠鏡は、殆んどなかった。当時は中国の国力も非常に限られており、国際的先進レベルで、大規模な天文科学機器を研究・製造することは、不可能だったのである。

　改革開放以来、国力が増大するにつれ、国際学界でも中国の科学者は、だんだんと重要な役割を発揮してきた。1980年代頃、中国は多くの研究者や技術者を、相次いでヨーロッパ・アメリカ・日本などの先進国や地域へ派遣し、学術交流を進めた。国際的な大型の科学プロジェクトに参加し、経験を習得し、人材を育成した。

　FASTの首席科学者、南仁東（ナン・レンドン）先生は、このような時代を背景に、成長期を過ごしている。南仁東先生は1963年に清華大学の電波学科へ入学し、1968年に吉林省通化市の電波工場へ配属された。「文化大革命」終結後の1978年、大学入試が再開されてから、全国大学院入学試験に応募し、無事、中国科学院北京天文台（現在の中国科学院国家天文台本部）に入った。そして有名な天文学者で「中国電波天文学のパイオニア」であり、院士[*21]でもある王綬琯先生の指導を受けた。博士課程を卒業後、北京天文台で活動する間に多くの国を訪れ、交流し、調査し、研究を行った。そして日本の国立天文台野辺山宇宙電波観測所（NRO）では、客員研究員として2度も勤務している。筆者は1991年、

[*21] 訳注：院士は、科学技術において傑出した成果を挙げた研究者・技術者に付与される称号であり、中国科学院と同院から独立した中国工程院がこの称号を付与できる。

日本の宇宙科学研究所（ISAS）で勤務していた時、幸いにもNROで南仁東先生に出会っている。そして南仁東先生に随行して、日本の専門家に案内してもらい、当時アジア最大だった日本の45m口径電波望遠鏡の大型反射鏡アンテナに登った。そして筆者はこの耳で、「私たちは必ず中国独自の、世界一流の大型電波望遠鏡を作ろう」という、南仁東先生の感慨を聞いたのである。

第2節　国際的な巨大電波望遠鏡の提案

　電波天文学の研究領域では1980年代以来、ヨーロッパではVLBIが、アメリカではVLBAが相次いで投入された。宇宙の奥深くから想像を超えて豊富にデータが得られ、科学者は宇宙の神秘の「ベール」を1枚また1枚とめくり取ることができた。しかしながら、それら「ベール」の向こうでは、尽きることのない謎が、人類の探求を待っているのだ。1990年代、中国はようやく多くの国際的人材を揃えるに至った。国力はますます強まり、国際的にも天文学領域で大きな発展時期を迎えた。

1. LTとSKA

　1993年、日本の京都で国際電波科学連合（Union Radio-Scientifique Internationale, 略称URSI）総会が開催された。電波天文学と電波科学は密接な学問分野であって、互いに関係しあっているため、URSI総会には電波天文学委員会が設けられた。よって、中国・オーストラリア・カナダ・フランス・ドイツ・インド・オランダ・ロシア・イギリス・アメリカなど10ヶ国の天文学者の代表が、総会に出席した。時まさに20世紀最後の10年間だった。総会に出席した天文学者たちは、電波天文学が世紀を超えて発展していくであろう今後の理想像について、熱心に討論し、電波望遠鏡の今後の発展方向も分析した。総会で作成さ

れた文書では、各国の代表者が一致して次世代大型電波望遠鏡（Large Radio Telescope、略称LT）の建設を提案した。21世紀における、国際的な電波天文学の持続的発展に向けて、道が開かれた。

当時、LTは概念に過ぎなかった。天文学者たちは、総受信面積が1k㎡に相当する大型の電波望遠鏡を建造したいと考えていた。しかし受信面積がこれほど大きいと、丸ごとひとつのミラーでは、望遠鏡は作れない。多くの小型電波望遠鏡でアレイを作るべきだ。しかしいったい幾つの、また大きさとしてどれくらいの口径の小型望遠鏡であって、どんなアレイを作るか、アレイをどこに配置するかなど、一連の問題はこのあとの数年間で、科学者たちが協力して、しっかりと解決する必要があった。

LTの国際協力と概念を推進する過程において、中国の科学者はずっと積極的な役割を果たし続けてきた。またLTの概念を推進する過程で、中国が先導するFASTプロジェクトを次第に発展させてきた。これと同時に、国際的に、各国の天文学者もLTの概念を「拡大」させ、次第に「スクエア・キロメートル・アレイ」（Square Kilometer Array、略称SKA）の概念へと発展させた。そして1999年にLTをSKAへと正式に改名した。このように、口径のみならず面積についても大きくキープできる電波望遠鏡アレイを使って、遥か遠い宇宙の深淵を観測し、より早期、更には宇宙最初期のデータが得られ、それにより現在の宇宙がどのように最初の状態から進化してきたかを理解することを科学者たちは期待している。等量化された超巨大口径と、超巨大面積を兼ね備えた電波望遠鏡だけが、人類のこの夢を実現する手助けになるのである。

2. SKAと中国

1990年代の初め、中国・オーストラリア・カナダ・フランス・ドイツ・インド・オランダ・ロシア・イギリス・アメリカの天文学者たちは、共同で次世代大型電波望遠鏡（LT）の建設を提起した。引き続き各国の天文学者がプロモートし続け、これを受けて、LTの概念が発展し続けた。最終的には1999年にスクエア・キロメートル・アレイ（SKA）の概念が形づくられ、SKA国際機構が発足した。中国はSKA機構の創成国にして揺るぎない支持国の1つであり、国際的なSKAの概念の発展を最も積極的に推進する国の1つである。中

国によるSKAプランは、長年にわたり、国際SKAの候補プランに挙げられてきた。2019年現在、SKAは15ヶ国以上による国際天文台政府間機構に発展した。その意図するところは、2500個の口径15メートルの皿型アンテナ、および100万個以上の低周波アンテナなどから成るアレイ式電波望遠鏡を建設し、直径3000kmの範囲内に配置されることである。中国のFASTはSKAと良好な継承・補完の関係を作っている。中国科学院国家天文台の院士武向平先生が、チームを率いて、SKAプロジェクトの国際協力を行っている。

第3節　中国の「天眼」構想とプロジェクトの立ち上げ

　まさにこのような国際的な電波天文学の発展を背景に、中国の天文学者たちは、国際的なLTの概念を推進する活動に積極的に加わった。元中国科学院北京天文台の科学者が調査研究中に発見していたことだが、中国貴州省のカルスト地形が大型電波望遠鏡の設置にとても適していた。そこで、中国西南部のカルスト地形を利用して、複数の球面反射（アレシボ望遠鏡の形式）大型電波望遠鏡を建造するという、中国のプランが提出されたのだ。

　中国の大型電波望遠鏡について、その建設を効率良く推進するため、中国科学院北京天文台は1994年2月にLT推進課題グループを設立した。そして多くの国内外の機関と、速やかに連携を進めた。当時、中国のLT推進課題グループは、まず中国科学院遥感応用研究所と協力して、中国で大型電波望遠鏡を建設する条件に合う台座用地を選定した。用地選定の専門家は、貴州省の黔南地区に、自然に形作られた天坑[*22]が多くあって、様々な電波望遠鏡の設置に適していることを、耳にしていた。貴州省の多くの部署や、安順市普定県・黔南プイ族ミャオ族自治州平塘県の、関連部門の参加と支援により、用地選定の専門家は、当地で400ヶ所を超える窪地を訪問して調査を進めた。さらに、その

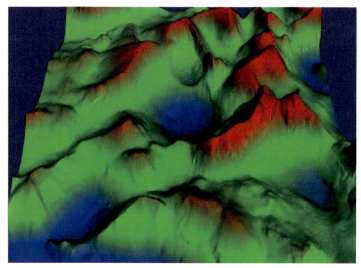

貴州省黔南プイ族ミャオ族自治州平塘県大窩凼の3D効果地形図
(出所：FASTのHP)

内90ヶ所の有望な窪地に関しては、高解像度デジタル地形図を制作した。

LTの概念を絶えず完全なものにし、また国際的な天文学界とも絶えず交流して、詳しく討議するなかで、中国の科学者たちは貴州省のカルスト地形を利用して、球面反射電波望遠鏡アンテナアレイを建造する概念を、具現化した。数百㎢の範囲内に直径約300mのアンテナを30基以上配置し、電波望遠鏡アレイを構成するという壮大なプロジェクトである。

この構想を進める過程で、中国の科学者たちはさらに、まず新しいタイプの単一口径巨大電波望遠鏡を1基、独自に研究・製造することを提案した。すなわち、500m球面電波望遠鏡（FAST）の計画だ。

FASTは大胆な創意工夫だった。まず中国はそれまで、大口径の電波望遠鏡を建造した経験がなかった。次に500m球面電波望遠鏡というのは、当時世界

＊22　天坑とは巨大な容積や険しく閉ざされた岩壁、深く窪んだ井戸型か樽型の輪郭など非凡な空間や形態の特徴を備えた地形を指す。とりわけ巨大で分厚く、深い地下水位を持つ可溶性岩層で発達する。典型的なカルスト地形のひとつである。

最大の単一口径電波望遠鏡（アレシボ電波望遠鏡）の口径よりも、200ｍ近く大きかった。それはただ単純に口径を拡大する設計だけでは実現できない。口径の拡大は、重量の急激な増加を意味するからだ。このため、加工・支持・運行・コントロールなど、各方面の技術困難度が急激に高まった。従来方法の建造では、まったく不可能だった。設計上では革新的な構想を、技術上では革新的な応用を採り入れる必要があった。

　中国の大地に「天体観測巨眼」を設置する夢を実現するため、1995年11月に中国科学院北京天文台は国内の20以上の大学や科学研究機関を集め、「大型電波望遠鏡（LT）中国推進委員会」を設立した。当時、北京天文台の副所長を務めていた南仁東先生が委員会の委員長を担った。その後、この委員会の活動は中国のFASTプロジェクトの推進と実行に邁進していった。

　南仁東先生のリーダーシップのもと、中国の科学者たちは相次いで国内外の多くの天文台・大学・研究所・ハイテク企業・大型装置製造企業などの科学者や技術専門家と交流し、議論した。幾度も国際シンポジウムを開催し、FASTプロジェクトを実施する問題についてあらゆる面から討論し、分析した。10年以上にわたる論証の繰り返しを経て、幾つかの重要なキーポイントとなる技術について、10年以上も事前研究活動が行われた。例えば望遠鏡台座用地の評価・能動反射面の構造・フィード支持システム・高精度の測定とコントロールシステム・多周波数帯受信機などだ。その活動の中で、全国数十の科学研究や技術部門から多くの専門家や学者が、彼らの知恵と革新的な考えを尽くしてくれた。例えば改良型フィード支持構造の概念、反射面を能動的に変形させる概念、柔軟性ケーブルによりフィードの移動を駆動する概念、などの構想を提案してくれた。

　FASTプロジェクトの事前研究活動は、その建設工事を実施する前に避けて通れない道だった。FASTプロジェクトは、まず中国科学院知識革新プロジェクトにより、第1期重大プロジェクトと、重要な方向性を持つプロジェクトに選ばれて支援を得ることができた。その後、国家自然科学基金により重点プロジェクトに選ばれて支援も得られた。これらの事前研究活動の成果は、FAST建設の全体プランとFAST建設工事の最終的な落成を期するうえで、重要な参考資料となった。

2003年10月、用地選定の段階にて。平塘県大窩凼を視察し、写真撮影する研究者たち
（出所：FASTプロジェクトチーム）

　2007年7月10日に国家大型科学工事プロジェクト論証会において、FASTプロジェクトチームの専門家は、精確な内容且つ説得力もある事前研究データと、総合的にブラシュアップした建設プランを提出した。全国評審委員会の専門家による綿密な公聴や厳格な審査の後、最終的に国家発展改革委員会の承認が得られた。国家の重要な科学技術インフラとして正式に承認され、国家の「第十一次五ヶ年計画」における重要な科学プロジェクトとして、強力な支援が得られたのである。

　2008年12月26日、FASTプロジェクトは貴州省平塘県の大窩凼（ダーウォーダン）に位置する、望遠鏡の台座用地で起工式を行った。2011年3月、承認を得て正式に着工した。

第4章
天眼、その英明な建造への道のり

2016年9月25日、500m球面電波望遠鏡（FAST）が竣工した。FASTは中国科学院国家天文台の主導で研究・製造された、国の重要な科学技術インフラ設備である。貴州省黔南プイ族ミャオ族自治州平塘県大窩凼（ダーウォーダン）に位置している。22年間にもわたって、FASTプロジェクトのために何万人もの人々が奔走し、奮闘し、思いを致し、心を尽くしてきた。この日、世界から注目を集めたFASTプロジェクトがついに完成したのである。

　FASTの完成と運用開始は、中国が大規模科学プロジェクトの建設を実施し、独創的技術をもって困難を克服し、科学技術を革新してその発展を加速させたことなど、長足の進歩を遂げて、貴重な経験を積んだことを示している。FASTプロジェクトを実施する過程においても、中国が科学・技術・経済などの総合力を持つ大国として、資金を投入し基礎科学を発展させていく国策を体現している。中国の科学技術と、大規模建設工事の最新レベルを反映しているのだ。

　FASTプロジェクトは、一体どれほどの課題が含まれていたのだろうか。こ

FAST完成後の俯瞰図

れら課題懸案を抱えての建設は、どれほど困難であっただろうか。完成後、いったいどれほど先進的運用ができているのだろうか。なかんずく、いかほどのハイテク手法が活用されているのだろうか。ここで読者の皆さんのため、簡単に説明する。

第1節　FASTプロジェクトの課題概要

　FASTプロジェクトを実施する各段階で、その主な建設内容は、望遠鏡の科学的な目標を実現することを中心に進められた。この建設内容に含まれる事柄として、次に挙げるものがあった。貴州省平塘県のカルスト窪地を掘り起こし、望遠鏡の役目にふさわしい円形（鍋底型）の基礎を築くこと。鉄骨構造の支持塔を建て円周梁構造を架設すること。ケーブルネットと反射面パネルのユニットブロック構造を組み立てること。口径500mの球面型の能動反射面と、その受信用フィードキャビンを支えること。全体をモニタリング・制御するシステムを確立し、望遠鏡の運行を駆動・制御すること。観測データを受信すること。FASTの科学的な目標のために、さまざまな用途の端末設備やその他の付属施設を整備すること。これらが、一流の電波観測天文台を建設するという目的を達成するために、指標となったさまざまな課題だった。

　これらプロジェクト目標の高い基準と厳しい要件を実現するため、事前研究・設計からサンプル実験や本体の建設に至るまで、FASTの建設者たちはひとつまたひとつと困難に向き合っていった。こつこつと問題を解決する必要があったのである。これほど大規模なプロジェクトを、構想から実現に至るまで、その過程において、FAST建設に参加した人々が、どれほど称賛に価する働きをしたか、計り知れない。こと当件に関する限り、筆者は多方面に渡って情報収集し、体験者には電話取材し、技術的な問題を問いかけるといったことで全

般的な状況を知る以外、術がないのである。それらを体験した人々の人生の行程には、より多くの詳細が刻まれていよう。22年間、FASTの建設者は一歩一歩と足跡を残してきた。一代の献身や数世代の夢を、この静かな山間の窪地から、そそり立ち高く聳える巨体に投げかけてきたのである。

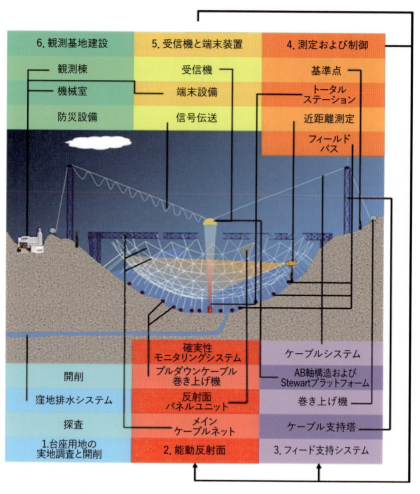

FASTシステムエンジニアリング構築の略図（出所：FASTのHP）

第 4 章　天眼、その英明な建造への道のり

第 2 節　FASTの本拠地を建設

　前節で紹介したように、科学者たちはFASTの「本拠地」（台座用地）に貴州省黔南プイ族ミャオ族自治州平塘県大窩凼を選んだ。この場所の特徴は何か。FASTを配置するのに最適な自然上の貴重な土地として、なぜこの場所を選んだのか。更にこの自然上の貴重な土地で、実施しなくてはならない基礎建設工事とは、どんな事があっただろうか。

1. 唯一無二の貴重な土地

　FASTに最適な台座用地を選び出すため、FASTプロジェクトチームは当時最先端のリモートセンシング衛星システム・地理情報システム・全地球測位シ

FAST台座用地の元の外観――大窩凼窪地（出所：FASTプロジェクトチーム）

ステムなどを使用して、現地調査とコンピューター画像解析を進めた。貴州省南部カルスト地形地域の数百km²の区域で多分野に渡るデータ測定を行った。後の段階では自然地理・地形の発達・窪地の形態・水文気象・土木地質・電波及び人間環境など多くの側面に対して、総合的な科学的分析と評価を行った。最終的に400ヶ所を超える候補地点の中から、プロジェクトチームはFASTの台座用地に大窩凼を選定した。

FASTが完成して始動する以前は、アレシボ電波望遠鏡が世界最大の電波望遠鏡だった。そこでの用地選定は、中国でFASTの用地を選定するにあたって参考になった。アレシボ天文台はプエルトリコの山の斜面に位置している。その電波望遠鏡は山体の形に基づいて建造された。しかし、元々すべてが整った窪地であったというわけではない。よって支持塔を建て、用地均しをし、排水システムを建設するなど、山体を掘削する工事が非常に多く遂行された。

元アレシボ天文台所長の2名を含め、多くの国内外の専門家がFASTの候補地域を訪れている。専門家たちはみな、候補地のうち大窩凼窪地こそ、大型球面電波望遠鏡の台座用地として、世界で唯一無二であると認めた。よって、台座用地を選び出した功績は「FASTプロジェクトの三大革新」のひとつと称賛されている。

FASTの台座用地を選ぶために、なぜこれほどの労力が費やされたのだろうか。

望遠鏡の台座用地を選ぶには、配慮すべき多くの要素がある。まずは望遠鏡の設置形式から考えよう。光学望遠鏡ならば、波長400〜700nmの可視光周波数帯の信号を受信する。鏡面形状の誤差として、ナノメートルレベルの精度が要求される。受信機への要求は高く、ありふれた風や砂塵といった要素が、すべて受信したデータを妨害してしまう。そのため一般的な光学望遠鏡の光学システムは、鏡筒の中に密閉して組み立てられ、円形ドームと天窓のある建物の中に設置されている。そして使用する時に天窓と望遠鏡の蓋を開き、天空の目標に直接狙いを定めることができる。使用しない時は天窓と望遠鏡の蓋を閉め、望遠鏡を密閉された空間の中に保全する。電波望遠鏡であれば、無線電波周波数帯の信号を受信する。FASTを例に取ろう。FASTはセンチメートルからメートルの周波数帯の信号を受信するよう設計されている。受信する鏡面の

誤差については、光学望遠鏡ほど高度な要求ではない。このため、電波望遠鏡の受信アンテナとフィードは、たいてい野外に設置される。

　500m単一口径電波望遠鏡の場合、もし真っ平らな地面に設置するなら、とてつもなく大きな支持構造を建設しなくてはならない。それは労働と資源と時間を無駄に費やして、さながら物々しい工事になろう。仮に、隕石のクレーターや火山の噴火跡など、山中に自然に形作られた窪地が見つかればどうだろうか。もし窪地に口径500mの電波望遠鏡の受信アンテナをちょうどよく設置し、山体を拠り所にして支持構造を建設できるなら、そこは望遠鏡を設置するのに極めて理想的な台座用地になる。しかし大型望遠鏡を安全に設置するには、ただ普通に凹んでいる窪地を利用するというだけでは済まない。山体の底に水が溜まり、雨期になれば排水されず、天体観測機器が正常に作動できなくなるからだ。

　中国貴州省のカルスト地形にある窪地は溶食凹地とも呼ばれる。炭酸塩岩が溶食されてできた窪地だ。小さいものだと漏斗型から、大きいものだとカルスト盆地までさまざまな種類のカルスト地形が含まれる。カルスト地域を流れる水（地表水と地下水を含む）の垂直循環作用が強く働くことによって形成されるのだ。地下洞窟の陥没によっても形成される。このようなカルスト地形は天然の「漏斗」であり、とても水捌けが良い。

　中国貴州省は山岳地帯で、大開発された地域がない。そのため人口は疎らで人間活動は小さく、電波汚染が少なめで、電波隔離地域を確立するのに都合が良い。

　天然のカルスト地形を利用して、望遠鏡を安全に設置すべく整地し、建設工事を進めることは、プロジェクトの工事建設費用を大幅に節約するに留まらない。天然の排水システムが保証されていて、落成後のFASTの作動環境にも最適な選択なのである。

2. FAST本拠地の基礎を建設する

　FASTプロジェクトに先立つ業務としては、次のように考えられていた。住民の立ち退き・窪地の掘削と整地・地下基礎部分の敷設、排水や配線システムの計画、法面の保護、臨時の作業場や道路・恒久的な建物を建設すること、な

どである。たとえこれほどに天与とも言える有利な地形であっても、FASTの「本拠地」の基礎を建設するには、2年近い年月がかかった。土石の掘削・法面の整備・道路の建設・排水システムなど、4つのサブプロジェクト建設を成し遂げた。望遠鏡本体を建設し、安全に設置できる要件まで漕ぎつけ、ようやくにして後続する主要プロジェクトである望遠鏡本体を建設するための、強固な基礎を築くことができたのである。

FASTの台座用地は山窪（カール）地形である。しかし口径500mの電波望遠鏡の支持システムを構築するため、さらに窪地を整え、掘削し、パイプラインを敷設し、土地を均し補強するといった大量の工事を行った。例えば重さ30tのフィードキャビンを吊り下げてコントロールするには、直径600mの円周上に6基の高く大きな鉄塔を建設する必要がある。望遠鏡のケーブルネットと主反射面パネルの荷重を受けるには、内径500mの円周上に50台のラチス柱を建て、望遠鏡の円周梁を支える必要がある。これらの鉄塔とラチス柱にはしっかりとした土台基礎がなくてはならない。円周梁の外側にはさらに数mから数

2011年10月、建設中のFAST台座用地（出所：FASTプロジェクトチーム）

第4章　天眼、その英明な建造への道のり

FASTを建設する過程で、山窪の側面を掘りながら固める必要があった
（出所：FASTプロジェクトチーム）

FASTの法面の保護（出所：FASTプロジェクトチーム）

FASTへの道路（出所：FASTプロジェクトチーム）

十mの広いスペースを必要とする。このスペースは部材を組み立て・吊り上げ設置し、道路や付属建物を建設するといった工事に使用した。さらに一番外側には山体の法面を修築し、傾斜面を固める工事も行った。そのほか建設過程では、多くの大型装置や大型部材、クレーンや組み立て工房などを臨時に置いておくための、大きな仮設用地を必要とした。工事が完了した後、これらの仮設用地には復元・修理・改修そして緑化といった作業を行う必要があった。

　FASTの台座用地を掘り起こす工事が終わってから、周囲の山や法面の傾斜の安定性はどうなっただろうか。雨・雪・風・霜に打たれると、その地質条件の安定性はどうなるだろうか。どのように土壌浸食を避け、地質災害を防ぎ、自然環境を回復させられるだろうか。これら懸案のいずれをも解決するには、台座用地の安定性を追跡して監視し、水と土壌を保全して回復させると共に植生を植えるといった作業を押し進める必要がある。また望遠鏡が完成した後の通常運用と技術保守のため、基本的な施設条件と安定した外部自然環境を提供しなくてはならない。これらはとても細々と煩わしいが、うまくこなさなくてはならない。なかんずく、望遠鏡の建設が完了した後も改善し続け、長期に亘ってやり通さなくてはならない業務である。

第3節　FASTの主要部を建設

　FASTの主要部分こそ本体である。主要部分は口径500mの球面状大反射面（大鍋の形に似ている）とフィード受信機のキャビン（フィードキャビンと略称）から成る。ここでの「大鍋」とは、買って来てコンロで家庭料理をするためのもの、などではない。まずこの「大鍋」のためにぐるりと円形状に一周する支柱を建て、さらに支柱にケーブルネットを架けてひとつの層を作り、その上に予め準備しておいたパネルを敷設して「大鍋」の表面を作る。FASTのフィード受信

機はひとつではなく複数あり、さまざまな電磁放射周波数帯にそれぞれの受信機が対応する。したがってひとつのフィードキャビンで、多くの周波数帯を受信するためのマルチチャンネルフィード受信機と、その付属機器を収める必要がある。次に、そのフィードキャビンを「大鍋」の上に吊るさなくてはならない。「大鍋」が示す向きに従って常に「大鍋」とチームワークを取り、正確に移動する。そうすれば「大鍋」に反射されてピントを合わせたデータが効率良く受信できるわけだ。

このことは、「言うは易く行うは難し」である。FASTプロジェクトのすべての詳細部分は着工の10年以上も前から、事前研究・実験室でのシミュレーション・小規模サンプル実験の検証といった、多くの段取りやプロセスを経てきている。しかし現場で施工する段階で、やはり思いもよらない問題が続出した。いま、自らFAST建設を体験した人々になり代わって、22年間にも及ぶ厳格で注意深く、苦難に満ちた粘り強い作業過程を再現することは到底できないと思われる。辛うじて、FAST本体の建設にまつわる概要や、FASTを建設した人々の思慮深い設計と重要な技術の進展を、大まかに紹介するに留まるのである。

1. 円周梁構造の設置工事

　FASTの主要部（大反射面）を支えるために設計された枠組み（「大鍋」の台座）は、ぐるりと一周する鉄骨構造の円周梁である。円周梁は山窪地形の丸い形に沿って建造する。円周梁の上にケーブルネットを架け渡し、ケーブルネットの上に主反射面パネルを敷設する。つまり、円周梁は望遠鏡の主要部を支える支持構造である。

　FASTの円周梁の設計は土台基礎・ラチス柱・環状梁という3つの主要な部分からできている。円周梁の基盤は山窪の周りに建てた50台の土台基礎である。それぞれの土台の上に1台ずつ鉄骨構造のラチス柱が建てられる。この50台のラチス柱の上に、さらにぐるりと一周して鉄骨構造の桁構え式環状梁が架設される。環状梁の内側の円は直径500m・高さ5.5m・幅11mになる。

　FASTの環状梁とラチス柱は、どれもとても大きな鉄骨構造の桁構え式の部材で出来ている。工場で各部品の仕上げ加工をしてからそれぞれを現場に搬入した。そして現場で組み立て・吊り下げ・スライド・取り付け・部材の両端部

FASTの円周梁構造（出所：FASTプロジェクトチーム）

の接合といった作業を行った。ラチス柱を1台ずつ地面と垂直に建て、さらに環状梁を1区切りずつラチス柱の上に敷設し、最後に両端部を接合していった。

　環状梁の構造は大きすぎるので、接合する過程では一区切りごとに分けた環状梁を、滑車でスライドして作り上げていくという方式を、どうしても採らなくてはならなかった。環状梁を一区切りずつ所定の位置までスライドし、両端部を接合し、こうして内径500mをぐるりと一周する円周梁に作り上げた。

　環状梁の部材の両端部をすべて接合すると、FASTの円周梁には隙間が無くなった。しかし温度が変化すると、熱膨張と冷却収縮が発生する。隙間の無いシームレス接合という状態で、熱膨張と冷却収縮による変形という問題を、どう解決すれば良いだろう。設計者はそれぞれのラチス柱の天辺に、2つの滑り軸受（耐震軸受とも呼ぶ）を取り付けた。この軸受の構造は、軸受の上に架設した環状梁に生じる熱膨張と冷却収縮の変化を自動で調節し、エネルギーを放出することができる。この軸受は鉄道レールの隙間のように機能する。しかしFASTの環状梁には隙間がないので、すべて各ラチス柱の上にある滑り軸受を頼りに、伸縮を調整する。

FAST円周梁の中の歩道（出所：FASTプロジェクトチーム）

　円周梁には主反射面に直接通じる通路がある。環状梁の真ん中をぐるりと一周する、ひとり分以上の高さの空間を設けてある。この空間は、設置・メンテナンスの担当者が使用できる歩道である。人間の足で、環状梁をぐるりと普通に一周すると、30分以上かかる。さらにラチス柱の間には地面に降りる梯子と、メンテナンス担当者のための吊り手もある。

2. ケーブルネットの構造および設置工事

　円周梁を建造した後、梁の内径にスチールケーブルで巨大な網袋を架けなくてはならない。この網袋の機能は重要である。FASTの反射面全体を包み込み、下支えする骨組みとなる。望遠鏡の運用中に能動的に反射面を変形させる牽引制御器体でもある。

　FASTのケーブルネットは特殊なスチールのケーブルで出来ている。三角形の網目構造を編んだメインケーブル6670本、下向きに牽引するプルダウンケーブル2225本、そして反射ユニット4450枚から成る球面形のケーブルネット構造だ。円周梁に架けられた巨大な知性を持つ「網袋」である。その機能のひとつは、口径500mの能動反射面のパネルをしっかりと包み込むことだ。

　ケーブルネットシステムは知性を備えている。それはケーブルネットが反射面パネルをしっかりと包み込み支える機能に加えて、ケーブルのひとユニットがどれもコンピューターに制御されているからだ。コンピューターは克明に計

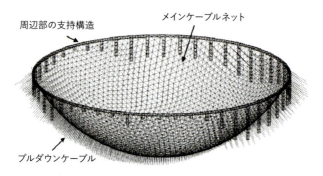

ケーブルネットシステムの略図（出所：FASTプロジェクトチーム）

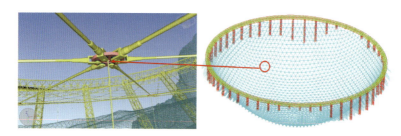

ケーブルネットと接合点の略図（出所：FASTプロジェクトチーム）

算し、正確な制御を実現する。それぞれのケーブルに均等な圧力がかかるように制御し、ケーブル上に敷設された反射面パネルの各ユニットを支える。反射面パネルを変形させるために駆動する時は、圧力をかける方向と圧力の大きさを同時に、素早く変更しなくてはならない。そうして口径500ｍの大型反射面を牽引し、天体観測の要件に応じて整然とした動きを取り、反射面の形状を変化させる。それぞれのケーブルがその上に敷設された反射面パネルユニットを牽引することでこの動きが生まれ、最終的には反射面全体の協同した動きになる。それには技術指標の要求は極めて厳格、且つ高速、精密なものになる。そのためFASTのこの知性を持った巨大「網袋」は、主反射面パネルを下支えする構造であるだけに留まらない。反射面パネルの動きを牽引して制御し、形状を変化させる要でもある。これはFASTプロジェクトの工事において、重要な技術的関門のひとつだった。

　FASTのケーブルネットのスパンと制御精度は現時点で世界最高だ。また、

第4章　天眼、その英明な建造への道のり　　83

FASTのケーブルネットのパノラマ写真（出所：FASTプロジェクトチーム）

　主反射面の形状変化をケーブルネットで制御する世界最初のケーブルネット制御システムでもある。

　FASTのケーブルネット制御システムの開発と設置の成功は、プロジェクト全体の工程における重要な節目であり、とても重大な意味を持つ。中国の工事技術上、大スパン構造の先導として、有意義であった。2015年、FASTの円周梁およびケーブルネットの工事は「中国鋼構造協会科学技術賞」の特等賞を受賞した。

　ケーブルネットを制御する働きはケーブルネットの接合点の下に接続された一連のアクチュエーターによって仕上げられる。その働きの原理は後程に詳しく説明する。

3. 反射面のユニットブロックを組み立て、全体的に敷設する工事

　ケーブルネットを架けた後は、その上にFASTの「主人公」すなわち口径500mの球面状反射面パネルを敷き詰める。しかし、口径500mの反射面を丸ごとひと固まりでミラーに加工することはできない。光学望遠鏡のセグメント

ミラー技術を手本に、FASTの主反射面は、4450枚の小型ミラーのユニット（ユニットブロックと略称）を組み合わせて作るよう、設計された。各ユニットブロックはすべて口径500mの球面形ミラーの一部分となる。このうち4300枚は基本型のブロックで、組み合わされて主体部分になる。基本型の形は三角形で、一辺の長さは約11mである。また150枚は特殊型のブロックである。特殊型は周辺部分の組み合わせに使うため、不揃いな形になっている。これらのユニットブロックが組み合わされ、口径500mの大型球面望遠鏡の主反射面、つまり「大鍋」が出来上がる。

　反射面パネルのユニットブロックもまた、1枚の単純な小さいパネルではなく、ひとつの部材なのだ。自重と荷重を引き受けるユニットの枠組みと桁、反射面パネルなどの組み合わせから成る。FASTの大型反射面アンテナの基本となる部材だ。反射面パネルのユニットブロックは球面全体のケーブル枠のなかで、さまざまな位置に配置される。その位置によって幾何学的な寸法・傾斜角度・支点の位置・荷重の大きさや方向などが異なる。このため、各ユニットブロックの結合部に調節できる装置を取り付ける。この調節装置でそれぞれの小さなユニットブロックの幾何学的形状を調整して、全体的な表面形状の精度に対する要求を満たす。

　各ユニットブロックは臨時の工房で先行して組み立てる必要があった。ユニットブロック1枚の三角形パネルでも、小さな三角形のパネル100枚をリベットで繋ぎ合わせ、桁やバックフレームによって支えなくてはならない。これらをさらにユニットの枠組みに嵌め込み、品質検査に合格すると、ユニットブロックをひとつずつ吊り上げ、ケーブルネットで対応するケーブル枠の上に敷設する。

　各三角形のユニットブロックにある三つの角の端部には、いずれも変位接続調節器が備え付けられている。この調節器は設置されると、ユニットブロックとメインケーブルネット（前文の一節で記述した大型の「網袋」）の接合盤を繋ぎ合わせる。

　FASTが作動しているとき、ケーブルネットと反射面パネルのユニットブロックは連動する。総合制御システムのコンピューターが指示を出すことで、ケーブルネット全体の各接合点に働きかける。そうして反射面パネルの全体形

第4章 天眼、その英明な建造への道のり　　85

反射面のユニットブロックを組み立てる（出所：FASTのHP）

反射面のユニットブロックの構造（出所：FASTのHP）

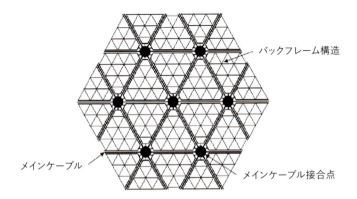

ケーブルネットとユニットブロックの連結略図（出所：FASTのHP）

状を制御し、電波望遠鏡の運用に必要な表面形状に合致させることができる。

　主反射面パネルを形作るユニットブロックの表面には、アルミ合金板が嵌められている。アルミ合金板の厚みはわずか1.5mmで、篩のようなメッシュ状の板で、蜂の巣状に穴で埋め尽くされている。これはFASTの科学的目標が70MHz〜3GHz[*23]（すなわちセンチメートルからメートルの範囲の波長）の周波数の電波を受信することを考慮したものだ。技術的には望遠鏡受信面の形状が波長の4分の1を超えて揃うと、完全な画像を得られる。FASTはセンチメートルを超える波長の信号を受信するように設計されている。そのため、FASTの主反射面を形作る各ユニットブロックの表面のアルミ板には、等間隔で小さな穴が開けられていて、網目構造を呈している。これらの穴はFASTの信号受信には影響しない。それどころか、反射面本体の重量を軽減することができ、防風・防雨・防雪・防塵などの効果も実現できる。同時にこれらの穴は太陽の光を通すこともできるので、主反射面下の地面は光に照らされ、植物が成長できるようになる。つまり、FASTの主反射面の下の土地は太陽光に晒され、植生を植えることができる。

FAST反射面パネルのメッシュ状の板
（出所：FASTプロジェクトチーム）

[*23] ヘルツは国際単位系における周波数の単位であり、毎秒あたりの周期性変動の重複回数を計量する。ヘルツの名称はドイツの物理学者ハインリヒ・ルドルフ・ヘルツに由来する。符号はHz。 $1\,\mathrm{MHz} = 10^6\,\mathrm{Hz}$、 $1\,\mathrm{GHz} = 10^9\,\mathrm{Hz}$。

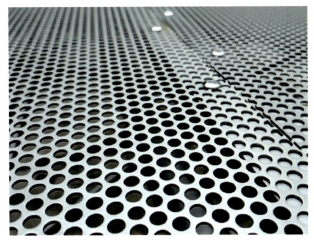

ユニットブロックのパネルに開けられたメッシュ状の穴の構造
（出所：FASTプロジェクトチーム）

　FASTの主反射面を敷設する工事は、規模が大きく、精度も高い組立施工であることが難点である。またスパンが大きく、大変高い位置で吊り上げ設置を施工するという困難もある。2015年8月2日、FASTの組立検査に合格した最初の反射面ユニットブロックが、吊り上げ設置することに成功した。2016年7月3日までには、すべての反射面ユニットブロックを吊り上げ設置することができた。この工程には丸々11ヶ月かかった。サッカーコート30面分に近い面積を持つ口径500mの主反射面になるよう、ひとつずつユニットブロックを繋ぎ合わせ、敷設して、ようやく仕上げた。これで明らかに、FASTの主要部分を建てる工事が成功裏に完了した、と判るのである。

4. FAST能動反射面の油圧アクチュエーター

　円周梁・ケーブルネット・反射面が、すべて設置され、連結された。今度は反射面を「動かして」いく。FASTはその設計要件の通り、望遠鏡が作動している時には、直径500mの大型反射面の内側で、300m範囲内を制御下で変形させ、移動させることができる。このことは決して、技術的にちっぽけな問題などではない。なぜなら500mの大型反射面が既にお互い連結されているからだ。

FAST主反射面ユニットブロックの敷設（出所：FASTのHP）

FAST主反射面の吊り上げ設置工事完成（出所：FASTプロジェクトチーム）

成語にするといわゆる「髪の毛一本引っ張ると、体全体が動く」の通りで、ごく小さな事柄も、全体に影響を及ぼす。どうすれば直径500mの大型反射面を、設計者の思い通りに使うことができるだろうか。どうすれば思い通りに動かし、どこへでも移動させられるだろうか。

　大型反射面を動かす鍵は、反射面とケーブルネットの下に隠されている2225個のアクチュエーターだ。

　前述した通り、FASTの主反射面は、三角形（周辺部分には不規則型もある）の小型反射面パネルのユニットブロックを4450枚組み合わせて出来ている。各ユニットブロックにはパネルとバックフレームというふたつの部材があり、吊り上げ設置の前に地上で前もって組み立てなくてはならない。三角形の各ユニットブロックには3つの角部に接続調節器がある。吊り上げ設置の際には、これらユニットブロックをひとつずつケーブルネットの上に「敷設」する。ケーブルネットの網目もまた三角形で、その上のユニットブロックをしっかりと包み込む。各ユニットブロックはケーブルネット上で対応している網目の所へ敷設される。三つの角にある接続調節器と、ケーブルネットの上で対応している接合点にある接続器とを、繋ぎ合わせ、嵌め込む。こうしてケーブルネットの各接合点と、反射面パネルのユニットブロックにある各接合点とが接続されて、一体化される。

　これら互いに繋ぎ合わされた各接合点の下で、プルダウンケーブルを通じて油圧アクチュエーターの上端へと繋がっている。油圧アクチュエーターのもう一端は地面に設置されていて、セメント成型の基礎にしっかりと固定されてい

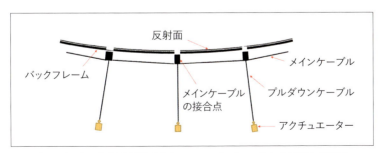

ケーブルネットと反射面パネルのユニットブロックとを接続する略図

アクチュエーターと接合点との連結

アクチュエーターの分布図

る。アクチュエーターには油圧制御器があり、アクチュエーターのピストン軸の伸縮を制御する。つまりケーブルネットとユニットブロックの接合点にさまざまな張力を与え、それによって反射面パネルの各ユニットブロックに促して、その位置と姿勢を変化させる。こうすることでケーブルネット全体（反射面全体）を一斉に連動させるという目的を達成し、望遠鏡の運用に必要な表面形状が整うのである。

各アクチュエーターは総合制御システムのコンピューターに繋がれている。コンピューターはプログラムを通して指示を出し、アクチュエーターのピストン軸の伸縮を制御し、各ユニットブロックを駆動して正確な位置決めと、協調した運行を実現する。同時に油圧アクチュエーターは、その上位制御システムの検索指示により、自体の状態データを上位制御システムにフィードバックすることができる。すると上位システムは反射面全体の形状が指示した要件を満たしているかを確認し、誤差を即座に調整する。このようにして、観測中に天体目標を指向し追跡するため、望遠鏡に求められる表面形状をより適切に、より精密に叶えられるよう計らう。

5. 一鏡二役

　電波望遠鏡は反射式望遠鏡の一種である。その主反射鏡は電波を受信するアンテナである。FASTの主反射面は4450枚の小型ミラーユニット（ユニットブロック）を組み合わせて作り上げるよう設計されている。組み合わされて形作られた口径500mの主反射面は、運行していない時なら天頂を指向する（つまり、「鍋」は真上を向く）。

　FASTは作動パターンをふたつ持つように設計されている。ひとつはアレシボ電波望遠鏡方式と同じ作動パターンである。すなわち作動する時に主反射面は動かず、フィードが焦点で小さな範囲を移動する。この場合、観測する天空の領域は天頂付近に限られるため、望遠鏡の使用効率が比較的低い。

　FASTが作動するもうひとつのパターンは、口径500ｍの内で300ｍの範囲をパラボラ面に変形させ、500ｍの鏡面に沿って移動させるものである。この場合、口径300ｍの範囲を回転式のパラボラ面電波望遠鏡として使用できる。つまり「一鏡二役」の役割を果たせる。

　「一鏡二役」という設計は球面形状とパラボラ面形状から算出したデータに基づき、発想を得た。科学者たちは直径500mの球面の弧の上に、直径300ｍのパラボラ面の弧を重ね合わせる計算を行った。すると、適切な焦点を選びさえすれば、球面とパラボラ面との最大偏差は0.47ｍだけと気付いた。ここでFASTの革新的な設計が生まれた。口径500ｍの球面上に一定の制御力を加え、直径500ｍの球面の内で直径300ｍの範囲をパラボラ面の形状に変化させるの

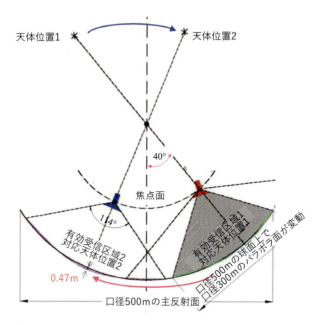

口径500ｍの球面と口径300ｍのパラボラ面の表面形状差異略図

　だ。さらにこの形状を500ｍの口径上で移動させることができる。すると口径300ｍの回転式電波望遠鏡1台分の機能が実現できるのである。

　FASTのこの新しい作動パターンはコンピューターで制御する。口径500ｍの球面鏡の内で300ｍの区域を瞬く間に牽引し、ひとつのパラボラ鏡の形状に変換させる。そしてこのパラボラ面の形状を500ｍの口径上で移動し、観測を必要とする天空の電波源に狙いを定められる（例えば上記イラスト中の天体位置1または天体位置2）。この瞬く間に形作られるパラボラ鏡は、独立した口径300ｍの大型電波望遠鏡1台分に相当する。天頂距離[*24]40°の範囲内で、方向転換が可能である。さらに、この口径300ｍのパラボラ鏡はコンピューターで制御して目標天体を追跡することもできる。これは望遠鏡が地球の自転方向と速度に逆

＊24　天頂距離とは、天体と観測者の天頂（観測者の頭の真上）の間の角距離である。ある天体（Star）の天頂距離（Z）とその天体の地平高度（H）とは互いに余角である。

第4章　天眼、その英明な建造への道のり　　93

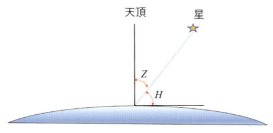

天頂距離と天体の地平高度との関係

らって回転することを意味し、天体に向かい合った望遠鏡が地球の自転に従って引き起こす動きを相殺するために用いられる。例えば上記の略図において、天体が位置1から青い線に沿って位置2まで移動する時、口径300mのパラボラ鏡も赤い線に沿って天体を追跡して移動し、天体目標が常に望遠鏡の視界に入っているよう、コンピューターに制御されるのである。

　この表面形状の変化に必要な制御量はとても小さい。口径500mの内で表面形状の変化の最大値はわずか0.47mであり、眼には見えにくい。しかし要求は極めて高く、誤差の範囲としてミリ単位内で制御するよう求められる。特に運用中は常に正確な形状を保たなくてはならない。コンピューターがリアルタイムで計算する段階や、主反射面の変形を起こすケーブルネットを制御する段階に至って、いずれも要求は大変に厳しくなる。

　端的にいうと、FASTのこの作動パターンは本来なら固定されて動かないはずの反射面アンテナ1台に、回転機能を付加して「一鏡二役」を実現する。す

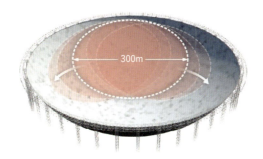

口径500mの球面上で300mの範囲の表面形状を瞬時に変化させる略図
（出所：FASTプロジェクトチーム）

なわち静態では口径500m（現在世界最大の単一口径電波望遠鏡）、動態では口径300m回転式（現在こちらも世界最大口径の回転式電波望遠鏡）である。この作動パターンでFASTの使用効率は大きく向上し、観測方法を拡大した。現在、この機能を備えた電波望遠鏡は、世界でも他に無い。この革新的な技術は国際天文学界でも唯一無二である。

6. フィード支持塔

　FAST主反射面の上部から下部まで、内側から外側までの構造は既に理解した。だが反射面だけの望遠鏡では、まだ機能できない。反射面に集められた信号を受信するには、フィードという受信装置を必要とする。FASTはセンチメートルからメートルまでの範囲の波長を受信するよう設計されている。この範囲は電波の波長の大部分をカバーする。受信機はひとつに止まらず、7セットの受信装置を必要とする。これらの受信装置はすべて、特別に設計された1台のフィードキャビンの中に収められている。

　運行中のFASTが別々の波長の信号を観測するには、別々の受信装置を使う必要があり、対応する所の焦点位置も違う。そのほか、観測中の望遠鏡はさらに天体目標の動きを追跡しなければならず、フィード受信機も同時に目標の動きに追従しなくてはならない。従って、反射面でピントを合わせ集約させた宇宙放射線を正確に受信するためには、フィードキャビンは、大型反射面の上方の主焦点付近で、約200mの範囲内を移動できなければならない。

　フィードキャビンは単独で空中に吊り下がることはできない。必ず支持構造を必要とする。さらに、その動向を管理するため、駆動システム並びに制御システムを必要とする。電波望遠鏡のフィードキャビンが主反射面の上方の主焦点付近で移動することを保証するため、通常であれば地上に塔を建設し、塔の頂きにケーブルを吊り下げる。そしてケーブルにフィードキャビンを吊るし、ケーブルの変位を制御して、主反射面の焦点付近でフィードキャビンを駆動して移動させる。

　FASTのフィードを支えるシステムの中心部分は、山体を拠り所に建設した6基の鉄塔である。それぞれの鉄塔の土台基礎は、山体の中へ深々と埋め込まれている。FASTの台座用地は窪地を基盤として建設するため、6基の鉄塔を主

第4章　天眼、その英明な建造への道のり

フィード支持塔

フィード支持塔を仰ぎ見た写真
（出所：FASTのHP）

反射面の外周円直径600mの円環上に配置しなければならない。もし山体をすべて掘り起こしてしまうなら、時間と労力の無駄であるだけではない。鉄塔の基礎自体、山体を拠り所に建設した場合の堅固さには及ばない。したがってこの6基の鉄塔は、山体の中腹で直径600mの円環型に建設されている。建築基礎の高度は異なり、最も高い塔は高さ172m、最も低い塔は高さ112mである。この高さの違いの目的は、6基の鉄塔の頂上部分を同じ高度にすることである。

　各鉄塔の頂上部分には5㎡の平台が建てられ、平台の上に直径1.8mの大滑車が置かれている。滑車には柔軟性スチールケーブルが架けられており、そのケーブルの一端は鉄塔の頂上にあるガイドホイールを通して、フィードキャビンに繋がれている。6方向からフィードキャビンを引っ張り、反射面の「大鍋」の上に吊り下げる。ケーブルのもう一端は鉄塔の基盤部分にあるケーブル制御巻き上げ機[25]に繋がれている。このような鉄塔－ケーブルシステムは、フィードキャビンを支え、吊り下げる役割を果たせるだけではない。ケーブルを引っ

---

[25] 巻き上げ機、またはウィンチと呼ぶ。リールでワイヤーロープやチェーンを巻き上げて、重量物を持ち上げ牽引する起重装置。

張ることでフィードキャビンを牽引し、空中の指定した範囲内を移動させることができるのだ。

　スパンが600mに及ぶとはいえ、フィードキャビンを吊り下げることは不可能ではない。問題はフィードキャビンがただ吊り下げられて、どこにも移動しないというわけにはいかず、能動反射面に従い共に移動する必要があるということだ。これは制御の問題だけでなく、制御の精度という問題にも関わっている。実際、FASTプロジェクト全体を通して直面した最難関のひとつであった。

7. 革新的なフィードキャビンの駆動と制御

　フィード支持塔を建て、塔にはフィードキャビンを吊り下げた。次に続く課題はフィードキャビンの動きをどのように駆動し、その位置と姿勢をどのように調整するかである。FASTが運行する時、望遠鏡は天体目標を正確に指向し、追跡するよう求められる。望遠鏡全体の精度に対する要求を達成するため、望遠鏡の反射面を高い精度で制御する必要性のほか、望遠鏡のフィードキャビンやキャビン内の受信機も、高い精度で制御しなくてはならない。

　FASTは設計立案の時、口径305mのアレシボ電波望遠鏡を参考にした。アレシボ電波望遠鏡の運行方式だと、主反射面は固定されているが、フィードは制御して移動させられる。そのフィードキャビンを制御するシステムは、一セットの高剛性吊り下げ式バックフレームを採用している。このシステムの重量は1000tもあり、3基の塔で支えている。

　アレシボ電波望遠鏡の構造に基づいて計算すると、もし口径を500mまで拡大するなら、フィードキャビンを吊り下げるバックフレームシステムの重量は、1万t近くにもなってしまう。これは実現困難なだけでなく、制御も難しい。さらにコストも天文学的な数値になる。大型望遠鏡の製造が困難な原因のひとつは、それ自体が重すぎて、制御や是正がしにくいことにある。したがってFASTは設計の初期で、フィードキャビンを支え制御するシステムの設計に、革新的なプランを採用するよう、考慮する必要があった。

　FASTのフィードを支え制御するシステムのプランは、以下の問題を考慮し、解決しなくてはならない。

① FASTのフィードキャビンは直径13m・高さ7m・重量30 tの電波信号受

第4章　天眼、その英明な建造への道のり　　97

アレシボ電波望遠鏡で、フィードを支える吊り下げ式バックフレームシステム
(出所：アレシボ天文台HP)

　信キャビンである。キャビン内にマルチチャンネル信号受信装置や付属設備を備え付けている。キャビンは主焦点付近の一定範囲内で、つまり地面からの高さは140〜180ｍ、そして直径207ｍの空中における球冠面上を、移動できなければならない。キャビンの位置決め精度もミリ単位のレベルに制御しなくてはならない。
② FASTの主反射面の直径は500mあり、支持塔を建てるスパンは反射面の外周円を超えて直径600m以上もある。このような大きなスパンだと、アレシボ電波望遠鏡のような剛性の高い連結方式を用いても、変形を防ぎにくい。そこでFASTの設計者は剛性の高い連結方式を放棄し、軽く柔軟性の高いスチールケーブルでの連結方式を採用することを考えた。このようなケーブルは一定の変形を許容し、吊り橋などの大きなスパンのある吊り下げ方式や、架け渡し方式に適している。
③ しかし軽く柔軟性の高いスチールケーブルは変形しやすく、外部環境の影

響を受けやすい。しかも制御精度は高いと言えず、反応が遅れがちになる。FASTのフィードキャビンがすばやく正確に位置を決め、姿勢を制御することについて、科学者の要求を満たすことは難しい。

これらの問題と向き合い、FASTの建設者たちは調査・研究・実験・テストの繰り返しを行い、望遠鏡のフィードを支えるシステムのスパンが大きすぎるため、剛性の高い連結方式での制御は要求を達成できず、柔軟性の高いスチールケーブルだけでは制御の精度がやはり足りないと考えた。そこで設計者はFASTのために、軽く柔軟な一連のスチールケーブルがフィードキャビンを牽引するとともに、パラレルリンクロボットがキャビン内で制御するという二次制御システムを、特別に注文して製作させた。これによりフィードキャビンはキャビン内の受信機に至るまで一体化し、高い精度で位置と姿勢を制御する設計要求が、満たせたのである。

この仕事を担う研究者とエンジニアは、さらに一連のソフトウェア機能を開発した。このソフトウェア機能はハードウェアの役割を部分的に置き換え、構造形式を大いに簡素化し、フィード支持システムの自重を約1万tから約30tに削減した。工事のコストを削減するだけではなく、制御精度も向上した。また同時に、アレシボ電波望遠鏡方式における構造安定性の不足といった問題も克服し、FAST全体の工事目標の実現を可能にした。この革新的な技術は国内外の同じ分野の専門家から大きな注目と強い関心を集め、「変革的な革新設計」と呼ばれている。

このプランを具体的に実施する方法は次のようなものだ。山体を拠り所に建設した6基の鉄塔の頂上にある滑車に長さ約300mの柔軟性スチールケーブル6本を通す。この6本を主反射面の焦点の上に集め、そこで6方向からそれぞれにフィードキャビンを引っ張ると、フィードキャビンは主反射面の焦点付近に吊り下げられる。

6基の鉄塔の下部にある6台の巻き上げ機は並行作動モデルを採り入れ、それぞれ6本のケーブルをさまざまな引張強度と方向で制御する。これは、フィードキャビンの動きと位置決めのため特別に設計された、6本のケーブルを連動させる駆動制御システムである。このシステムはさまざまな作動状況によって、相応する制御戦略を策定できる。フィードバックされたデータを測定

第4章　天眼、その英明な建造への道のり　　　99

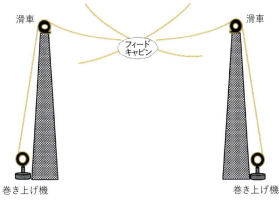

柔軟性スチールケーブルがフィードキャビンを吊り下げる略図

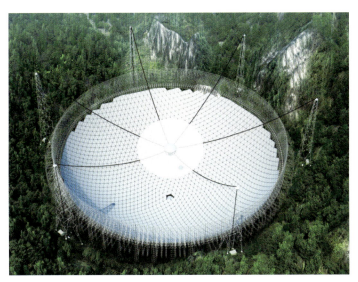

フィード支持塔および6本ケーブル連動制御システムの効果図

することにより、フィードキャビンを主焦点付近200mの円周内で動くように駆動する。同時に、フィードキャビン内のAB軸[26]姿勢制御と連携し、フィー

---

*26　AB軸は双方向回転構造であり、ふたつの方向に回転できる。

ドキャビンの姿勢を調整することもできる。これが一次制御であり、フィードキャビンの位置決め精度を48mm以内に、姿勢精度を1°以内に収める。

二次制御はフィードキャビン内に設計された、6本ケーブル連動制御システムと並行して機能する制御ロボットである。フィードキャビン内の信号受信器の姿勢と位置に二次調整を行い、それを最適な信号受信位置である反射面の焦点へ正確に到達させる。一次制御と二次制御が並行して、一体化した制御を行うと、フィードキャビンの位置決め精度を10mm以内、姿勢精度を0.5°以内に収められる。

現在、FASTの柔軟性スチールケーブル駆動システムは世界最大のロープ牽引並行制御構造であり、FASTプロジェクトにおいて、三本指に入る革新技術のひとつでもある。この成果は既に、中国の香港・珠海・マカオ大橋など、大きなスパンを持つ新しい橋梁形式の建設へと普及し、応用されている。

8. 移動式光ケーブル

FASTの柔軟性スチールケーブルにはふたつの役割がある。役割のひとつはフィードキャビンを引っ張り制御することである。もうひとつの重要な役割は、移動式光ケーブルの荷重を引き受けながら、その光ケーブル自体を運ぶことだ。

FASTの移動式光ケーブル（出所：FASTのHP）

フィードキャビンはFASTの「眼球」だ。受信機・制御ロボット・信号伝送システムといったキャビン内の装置は、すべて電力とネットワークがあって、初めて運行する。地上に位置する総合制御システムとフィードキャビンとが、どうやって互いに通信するかは大問題だ。無線伝送方式はデータ量が多すぎて採用し難い。有線伝送方式を採るなら、どうやってケーブルをフィードキャビンまで送り届けられるだろうか。FASTの設計者はひとつの良いアイデアを思いつき、移動式光ケーブルを採用した。

　通常、家庭はもちろん職場であっても、使用するネットワークは主に光ケーブルを通して伝送される。光ケーブルは光ファイバーが内側に包まれていて、その光ファイバーの直径は毛髪の約8分の1しかない。非常に折れやすいので、伝送中の光ケーブルは地中に埋めたり壁の中に固定したりする。FASTのフィードキャビンは空中を動き、それを制御する柔軟性スチールケーブルも動く。FASTが造った移動式光ケーブルもまた柔軟性スチールケーブルに架けられている。カーテンがフックに吊り下げられているように、柔軟性スチールケーブルの伸縮に伴って光ケーブルも長く伸び、また短く縮むことができる。それによって、フィードキャビン内の設備へ、リアルタイムで電力供給と通信を確実に行う。

9. フィードキャビンとドッキングプラットフォーム

　上記の機能によって、フィードキャビンは望遠鏡の主焦点付近を動くことができる。だが私たちはフィードキャビン内部の装備をまだ知らない。それを探ろう。

　フィードキャビンの中には星形枠組み一式・AB軸構造・6軸パラレルリンクロボット（スチュワート）プラットフォーム[*27]・マルチビーム受信機方向転換装置・キャビンカバーやその他の付属設備など、備え付けられている。

　この中で星形枠組みは一揃いの結合された骨組みであり、その上部にフィー

[*27] 6軸パラレルリンクロボットプラットフォームは、すなわちスチュワートプラットフォームである。典型的なパラレルリンク機構で、6軸の伸縮によりプラットフォームの6自由度運動を実現する。

フィードキャビン

ドキャビンの各種機器を備え付けている。AB軸構造は、フィードキャビンの両軸の動きと姿勢を駆動する部品である。スチュワートプラットフォームは6軸パラレルリンクロボットを装備し、6自由度の動きで受信機の正確な位置決めと姿勢を制御する。マルチビーム受信機は7台あり、方向転換装置に取り付けられている。キャビン内のロボットにより受信機を操作し、受信機の位置や姿勢を細かく調整し、観測プログラムから与えられた目標の焦点へ、正確に狙

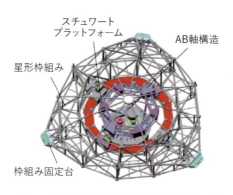

フィードキャビン構造の略図（出所：FASTのHP）

第4章　天眼、その英明な建造への道のり　　103

FASTのフィードキャビンとドッキングプラットフォーム（出所：FASTのHP）

いを定めることができる。

　ドッキングプラットフォームは主反射面中央開口部の底辺部分にある。フィードキャビンの組み立て・係留してからのドッキング・維持補修・運用テストのためのプラットフォームである。また移動式光ケーブルを取り付け、交換するためのプラットフォームでもある。

10. 測量基柱とトータルステーション

　ここに至るまで、FASTの建設者たちは主反射面システムとフィード受信システムを造り上げてきた。これで、この巨大な電波望遠鏡が機能するか？　いいや、まだ機能しない。規則通りの向きに沿って駆動するだけであって、フィードバック調整の無い制御システムでは、高精度の要求を達成できないからだ。

　作動中の主反射面やフィードシステムの位置・姿勢の確実性を保証するには、能動的制御だけでは足りない。さらに測量システムが、指定位置の信号をリアルタイムで測量し、データを主制御システムにフィードバックする必要がある。主制御システムはフィードバックされたデータを元に各測量点の誤差を計算した後、調整の指示を出す。FASTの制御システムは、このような一連の「制御－測量－フィードバック－調整」という閉じられたループの制御システム

測量基柱（出所：FASTのHP）

によって、望遠鏡の主反射面とフィードシステムを、運用中で絶えず正確な形状・位置・姿勢などを保つよう確実に保証し、すべての誤差を設計要求の範囲内に収める。

　FASTに設計された主反射面とフィードキャビンの測量システムのため、ケーブルネット下の地面上には反射面に向かって突き出した24本の測量基柱が設置されている。各測量基柱の上部には、高精度の測量計器が装備されている。この測量計器がすなわち、レーザーで測量するトータルステーションである。さらに望遠鏡近くの山体には測量基準点が建設してある。

FASTのトータルステーション分布略図

トータルステーションの正式な名称は「トータルステーション型電子距離測量計器」であり、光・機械・電気を一体化した新型のハイテク測量計器である。この計器は一区域における水平と垂直角度・水平と傾斜距離・識別目標点との高低差など多くのパラメータを測量できる。一度計器を設置するだけで、その測量ステーションにおけるすべての測量作業を完成させられるため、トータルステーションと呼ぶ。地上の大規模建築プロジェクトや地下トンネルの工事といった精密なプロジェクトの測量や、変形の監視測定が必要な分野で、広く応用されている。

　主反射面の上から見ると、これらの測量基柱は盛り上がった小さな黄色い点に見える。だが反射面の下から見ると、黄色い大きな柱のように見える。測量基柱に設置されたトータルステーションは、前もって反射面とフィードキャビンに取り付けられた識別目標に、連携して機能しなくてはならない。識別目標はプリズムで、光を反射できる。反射面上の識別目標（プリズム）は、ケーブル

反射面の識別目標が光を反射した写真（出所：FASTプロジェクトチーム）

ネットと反射面ユニットブロックを連結する接合点に、合計2225個設置されている。フィードキャビンの識別目標は、キャビンの表面とキャビン内のプラットフォーム上に、それぞれ取り付けられている。

トータルステーションが作動する時、各測量基柱にある測量計は、レーザー信号を反射面とフィードキャビンの識別目標（プリズム）に当て、返されたデータを得る。そしてデータを基準点と比較し、基準点に対する各識別目標のデータを得て、主制御システムに送信する。主制御システムはこれらのデータを取りまとめ、各点の誤差を計算し、反射面制御システムとフィードキャビン制御システムに是正データを提供し、補完制御を行う。このようなリアルタイムの測量やリアルタイムの是正によって、システム全体の素早い対応や正確な運行、精密な位置決めが確実になる。

全天候型測量を確実にするため、FASTの建設完了後、フィードキャビンにGPSと慣性航法システムが、さらに追加された。これらもトータルステーションと共同で機能し、望遠鏡の運用における各指標が正確であり、間違いないことを確実にする。

11. 総合制御システム

望遠鏡の各サブシステムの役目が完了したら、さらに上位のシステムが必要である。各サブシステムの作業を統一して、計画案配・連結・調整・管理を行い、望遠鏡が計画通りにさまざまな天体観測の仕事を遂行できるよう計らう。この上位システムがFASTの総合制御システムである。各サブシステムの運行状態を監視測定し、各種の必要なデータを収集・記録する。望遠鏡が動く軌道を計画し、上位制御指示を出し、システム全体の「健康」状態を監視測定する。統一された時間標準を提供し、さまざまな故障を排除するなど。

12. 受信機と端末システム

FASTの科学目標に従い、望遠鏡のため、さまざまな周波数帯域の7セットもの受信機と端末設備が設計・配置された。70MHz～3GHzの周波数範囲の宇宙放射線を受信するために使用される。そして多目的天体観測システム・デジタル端末システム・時間周波数システム・データ処理システム・受信機監視

診断システムなども配置された。これらのシステムは、望遠鏡でさまざまな科学目標の観測を成し遂げるために使用する。

13. 付属する観測基地の建設

FAST望遠鏡の建設を完成させたら、それに付属する観測基地の建設も基本的に完成させる。これは望遠鏡の運用と保守を確実にする必要条件である。付属して建設するものには、望遠鏡観測室・端末設備室・データ処理センター・各主要技術実験室・公務棟・総合サービスシステムなどがある。

FASTの感度は非常に高く、人間の活動による電磁干渉をとても受けやすい。このため、台座用地周辺の静穏な電磁環境を守らなくてはならない。同時にFASTの工事工程は複雑で、望遠鏡自体の電磁両立性に対する要求も非常に高い。望遠鏡に電磁両立性を持たせるよう特別に設計しなくてはならず、遮蔽措置などを確立する必要がある。

FASTを人間の活動による電磁干渉から免れ、正常な運行や科学的成果の創出を保証するため、2010年12月にFASTプロジェクトは電磁両立性作業チーム

「大鍋」の下にある通路(出所：FASTのHP)

FASTの基地総合棟（出所：FASTのHP）

を設立した。この作業チームが電波干渉を防ぎ、調整する作業を受け持った。そして、この作業チームが責任を持って起草・実施したのが「貴州省500m球面電波望遠鏡電磁波静穏区域保護規則」である。この規則は2013年10月1日より実施された。

第4節　FASTの作動プロセス

1. 望遠鏡の作動

　FASTのさまざまな設計要件が技術的にすべて実現すると、その作動プロセスは決して複雑なものには見えない。
　一般的な天体観測と同じで、望遠鏡で天体観測を進める前には、一連の観測

準備作業を行う必要がある。例えば天文学者は観測目標を選び、目標のパラメータを与える必要がある。パラメータには、望遠鏡の指向する方角を決めるための天体空間座標位置、受信機を決めるための探測周波数帯、ならびに観測方法（口径500m主反射面を使用するか、それとも口径300m変形主反射面を使用するか）などが含まれる。次に望遠鏡観測助手が望遠鏡観測に必要なハードウェアチャンネルを繋ぎ、さらに観測データを望遠鏡制御システムへ入力し、望遠鏡の各部分の起動検査などを進める。

すべての準備作業が整うと、望遠鏡は事前に編成したプログラムの通りに制御される。主反射面を変形し（変形させないこともある）、フィードキャビンを操作し、目標に狙いを定め、精度を調整し、目標を追跡し、受信機で信号を受け、信号の有効なデータを記録し、受信したデータを伝送しメモリーに保存するといった一連の順序を経て、天体目標の探測作業が完成する。

2. データの取得

FASTのフィードキャビンの中には、国際的で先進的な高品質のマルチビーム受信機が配置されている。FASTが観測する周波数帯に合わせるため、実物のマルチビーム受信機は、さまざまな周波数帯に対応する7セットの受信機から成る。受信機は反射面の集めた宇宙電波を収集し、広帯域光ファイバーで端末設備に送信する。そうして天文学者はこれらの貴重な宇宙データを分析・使用できるようになる。

3. データの処理

望遠鏡が直接観測して得たデータを原始データと呼ぶ。その望遠鏡を参考点・参考時刻として宇宙の情報を得ている。これらのデータは国際的に統一された基準によって、分類保存の処理を行わなくてはならない。データを使用する天文学者に、全世界で統一された参考情報を提供するため、データの収集に使用した端末設備や、データを記録したフォーマットなどの初期情報をラベリングする。このような処理を終えてこそ、外部へデータを提供し、天文学者のさらなる研究に使用できる。

4. データの公開

　国際的な慣例によれば、どんな国家や組織によって開発された大型望遠鏡であっても、試運転の段階で開発チームが内部で使用するため1～2年間分のデータが留保できることを除き、望遠鏡が正常に作動した後は、その望遠鏡と観測データを世界中の科学者が使用できるよう、公開しなくてはならない。FASTもまた例外ではない。このためFASTのデータ公開業務には、大規模なデータベースと付属Webサイトの構築、データを説明するドキュメントの作成、検索用索引の構築、データベースのリアルタイム更新といった大量の作業を必要とする。また一定の手順を設ける必要があり、それに基づいて毎年世界中の科学者から申請を受け入れ、遠隔観測の依頼を受け付け、必要な技術支援などを提供している。

第5章
世界最高水準へ

計画の提出から青写真の設計へ、多くの困難から課題の解決へ、着工から工事完了へ、20年以上の歳月と数万人の努力により、FASTプロジェクトはついに2016年9月に落成し、試行観測段階に入った。2019年までにFASTは試運転段階でのさまざまなテストを早々と完了させている。2019年5月、技術・設備・記録・建築物安全性・財務という5つの専門チームの検査を通過し、対外的にも共有された試行観測段階が始まった。つまり、外部がこの電波望遠鏡の共同利用を申請できるようになったのである。2019年末の正式な検査の後、FASTは正式にすべてを外部へ公開した。

第1節　FASTの「世界最高水準」

　FASTはその落成と運用開始により、アレシボ電波望遠鏡に取って代わり、世界で最も新しい世代の、単一口径電波望遠鏡になった。前文で既に述べたように、FASTはサイズの面で、単一口径電波望遠鏡の新しい世界記録を作ったばかりではない。感度や総合性能といった面でも、全世界で技術上の「最高峰」にある。FASTの総合指標は、エッフェルスベルグ電波望遠鏡やアレシボ電波望遠鏡、また2000年に投入された新世代の全方位回転式電波望遠鏡の王者であるアメリカのグリーンバンク望遠鏡を、大きく上回っている。現在FASTは既に世界最高の総合性能を持つ単一口径電波望遠鏡となり、今後20〜30年は、世界で一流の設備としての地位を維持するだろう。

　なぜFASTは今後20〜30年に亘り、世界で一流の設備レベルを維持できるのか？　それには理由と根拠がある。

- 国際的な天文学の発展の歴史によると、国際的に重要な大型天体観測機器や設備の研究開発と建設には、通常で短くとも10数年から長ければ数十年に亘り、研究・検討・設計・建設という過程を経なくてはならない。中国の

FASTは構想の提出から建設の完成まで22年で、非常に速いスピードで実現した。
- 現在、次世代のさらに大きい単一口径電波望遠鏡はまだ計画されていない。さらに大きい口径の望遠鏡を開発するには、より新しい技術的手段と、より新しい設計理念が必要である。国際天文学界は今ある大型設備を余すところ無く利用して、さまざまに出来うる観測作業を行うべきだ。そして必要に応じて、さらに大規模な望遠鏡の計画と実施を進めるのである。
- 現在、大型電波天文プロジェクトの「スクエア・キロメートル・アレイ」つまりSKAが、国際的に開発されつつある。前文で話が及んだように、SKAとFASTには継承関係がある。しかしSKAは大規模な干渉アレイによる開口合成電波望遠鏡であり、その各ユニットの望遠鏡の口径としては、どれも最大規模のものではない。さらにSKAプロジェクトは極めて複雑で、参加する国や組織も多く、設計と建設にかかる時間も長い。SKAの第一期は今後5～10年かけて10%を完成の予定で、SKA計画のすべての完成には、今後10～20年にも亘る建設目標となっている。SKAがすべて完成したとしても（その規模は確かに他の電波天体観測設備とは比べ物にならないものになる）、国際的な電波天文学の領域において、最大にして最高感度である単一口径電波望遠鏡としてのFASTの地位は、揺るぎようがない。
- FASTは30年の使用寿命を持つように設計されている。もし良好な状態を保ち、時機に合った保守・整備をし、必要な技術と部品の更新が続けられるなら、50年間は運行を維持できるはずだ。

上記のさまざまな理由により、FASTが今後20～30年に亘り、世界で一流の設備としてその地位を維持することは、至極合理的な見通しだと確信する。

FASTの技術面における主要性能の指標をもう一度考察しよう。
- 静態作動の口径は500m。
- 回転可能な反射面の直径は300m。
- 天空でカバーする範囲は天頂距離40°。
- 受信する周波数帯は70MHz～3GHz。
- 感度（Lバンド）は2000㎡／K、解像度（Lバンド）は2.9角分、マルチビーム（Lバンド）は19個。

これら性能を表す指標は、どれも専門用語だが、何を教えてくれているだろう？　あるいは、FASTは何ができると言うのだろうか？

　一般的に天体の放射は球状に発散し、その単位面積あたりの強度は距離の二乗で減少する。従って、もしある2つの天体の明るさが同じと観測されたならば、より遠くにある天体の方が、実際はより強い光を放っていることになる。このことから分かるように、望遠鏡を用いて天体の放射強度を受信すると、受信する放射量は望遠鏡の対物レンズの口径の二乗に比例する。また望遠鏡の感度、つまり微弱な天体を探測する能力は、口径の二乗（面積）に比例するとも言える。

　FASTは単一口径と受信面積において優位に立っている。これによりFASTが投入された後、観測できる天体の数はより遠く、より暗い天体を含めて、急激に増加する。科学者たちに、より多くより好ましい宇宙天体の統計サンプルが提供できる。したがって現代の物理学と天文学の理論・モデルを、より確かに検証できる。天文学者は宇宙の奥深くにある未知の謎を探測する機会が増えるだろう。その中には、大量の新発見の可能性が含まれている。

　FASTの7セットの受信機がカバーする周波数帯域はとても広い（70MHz～3GHz）ので、観測したデータは幅広い領域の天文学研究に利用できる。例えば初期宇宙のカオス、宇宙の大規模構造、銀河と銀河系の進化、恒星に類似した天体、暗黒物質、暗黒エネルギー、太陽系惑星、星間宇宙の出来事など、FASTはこれら領域の研究に活用される重用な科学機器になる。

第2節　FASTの主な科学研究目標

- 宇宙の中の中性水素を巡視検分し、宇宙の大規模構造の物理学を研究し、宇宙の起源と進化を探る。

- パルサーを観測し、極端な状態にある物質の構造と物理の法則を研究する。
- 国際的な低周波超長基線干渉計観測ネットワークを主導し、天体の極めて精密な構造を得る。
- 星間分子を探測する。
- 星間通信信号の可能性を探る（地球外文明は存在するか否か）。

いずれも学術用語であるが、具体的にどのような意味があるだろうか。あるいは、これらの科学目標のためにどんな研究を行うのか。ここで説明する。

1. 中性水素を探求する

　水素という元素なら誰もが知っている。水素は化学元素周期表の中で最初に並ぶ元素であり、質量は最も軽い。水素は自然界に広く分布し、主に化合物の形で存在する。例えば、水は水素の「倉庫」だ。地球の大気にも微量の水素ガスが含まれている。大気から分離させた水素は、無色・無味・無臭の可燃性ガスだ。

　地球上ではほとんどの元素が水素ガスや水といった化合物の形で存在する。しかし、宇宙では多くの元素が原子の形で存在する。例えば水素原子は天文学で中性水素と呼ばれる。原子の数ということで言えば、水素は宇宙で最も多くを占める元素である。

　宇宙におけるこれら単独の水素原子、つまり中性で非電離形態の水素は、光子を吸収しない状況では、水素自体が放射線を発生させる。これは基底状態にある中性水素原子の、電子スピンと核スピンの相互作用によるものだ。電子と陽子のスピンが平行状態から反平行状態に変化し、高エネルギー状態から低エネルギー状態に変化する時、電磁波が放出される。この電磁波に対応する周波数は1420.405MHzで、波長は21.106cmである。これが天文学研究でよく言われる中性水素の21cmスペクトル線であり、電波周波数帯における天体観測の主要な観測目標のひとつである。

　中性水素に関する観測は、一貫して波長21cmをカバーする電波望遠鏡によるさまざまな観測の重要な目標である。この波長の放射が重要なのは、高い密度のあった初期宇宙に形成された中性水素から放射されるためである。宇宙が膨張し続けるにつれて、第一世代の恒星や銀河が形成された。大量の光子が中性水素を電離した後、この放射は次第に消失した。したがってこの放射は光学

的な周波数帯で、初期宇宙における「太陽光線の最初の一筋」に似ているのだ。その分布・等方性・赤方偏移などを研究することで、宇宙の初期進化段階における物質の構造と物質の分布状況が研究できる。

　近年、中性水素の観測により、天文学者たちは銀河規模の中性水素ガスの回転速度も測定した。従来の理論計算によれば、銀河が高速で回転している時、もし十分な引力がないなら、ガスは銀河から「放り出される」(散乱される) か、銀河の端に近づくにつれて回転が遅くなるはずだ。ところが観測結果によると、多くの銀河の端にある中性水素ガスは、理論計算よりもはるかに速く回転し、散乱もしていないことが分かった。したがって天文学者たちは、銀河内に目には見えない物質が存在するのではないかと疑っている。その物質が、理論を超えた引力をもたらし、銀河内の中性水素ガスが散乱しないようにしている。この眼には見えない物質は「暗黒物質」と呼ばれている。

　これまでの中性水素の観測は、既に多くの成果を得ている。例えば、研究者は既に中性水素を含む銀河を数万個も発見した。また観測データに基づき、銀河系の中の中性水素や、銀河どうしの間に存在する中性水素について、分布図も描いた。

　中性水素の観測も、FASTの最も重要な科学的研究目標のひとつである。それには、系外銀河の中の中性水素銀河や、銀河系の中の中性水素領域の分布図を描くことが含まれている。これまでの中性水素観測に比べて、FASTの感度はより高い。そのため、FASTはより多く、より遠く、より暗い中性水素銀河を発見できる。FASTの大口径の優位性は、また天空の領域を部分的により詳しく観測できることにある。これは中性水素と中性水素があるところの銀河の構造・性質や、初期宇宙の進化法則をより明確に理解できるよう役立ってくれる。

　FASTの観測データが、より多くより正確に銀河の回転における動力学的な曲線の測定にも役に立つ。銀河の物質の総量を逆算し、可視物質を差し引いた後の暗黒物質の総量と作用を分析できる。したがって、暗黒物質のモデルにより好ましい制約を与え、暗黒物質の性質と影響を明確にする。FASTは既に観測した中性水素の領域をより詳細に巡視・観測して、図表を制作することも可能で、それによって星間物質の中の細部について、より多くの発見をする。

2. パルサーを探求する

　早くも1930年代に、天体物理学者は恒星の進化の産物として、中性子星を提起した。天文学の研究によると、大質量の恒星は進化の末期に崩壊の過程がある。恒星が崩壊する時、巨大な圧力が、恒星を形作る物質をひとつの極めて小さい空間に押し込むのだ。

　通常の物質が原子で形作られていることは分かっている。原子で形作られる物質空間は、私たちの太陽系に似ている。なかでも、大部分の質量が原子核に集中している。原子核そのものの体積は小さいので、原子の中には多くの空間がある。

　中性子星の物質は、原子核の尺度に圧縮された物質構造である。例えば典型的な中性子星の直径は約20kmで、小さな都市の大きさに相当する。ところが中性子星の質量は太陽と同じくらい大きな質量に達する可能性がある。あるいは1cm³の中性子星物質の質量は、地球上の小さな山ひとつの重さに相当する。

　理論から予測された中性子星の密度は極めて高く、人々の想像を超えていたため、パルサーが発見されるまで、当時のほとんどの人々がこの仮説に懐疑的だった。計算に基づくなら、この体積は小さく、密度は高く、質量は大きく、回転が速い中性子星だけが、あのような高速のパルス周波数と、あれほど高いパルス強度を放出できるのだ。したがって科学者たちは、パルサーが中性子で形作られた一種の天体、すなわち中性子星であると、確信している。

　パルサーの発するパルスビームは「灯台効果」と呼ばれる。パルスの周期はパルサーの自転周期であり、通常はミリ秒単位である。海上の灯台が回転している時、灯台の窓から放たれた灯りのまたたきが遠くに見える様子を想像しよう。パルサー（中性子星）の放射もこれと同じで、太陽のように周囲を照らすのではなく、星体の向かい合ったふたつの端点だけで放射する。その理由は、中性子星そのものに極めて強い磁場が存在し、強い磁場が放射を封じ込めてしまうので、中性子星は磁軸の方向に沿ってふたつの磁極の区域からしか放射できないためである。このふたつの磁極の区域こそ、中性子星がパルス信号を放つ「窓」である。

　1967年にパルサーが発見されて以来、世界中のさまざまな電波望遠鏡が、

既に何千個ものパルサーを発見した。これらのパルサーは国際パルサーデータベースに、既に登録されている。だがパルサーは天体の進化段階の一部であり、パルサーの内部構造と物理的特性をさらに研究し確認するため、科学者たちはより多くのパルサーのサンプルを必要としている。さらにパルサーの「灯台効果」は、人類の未来における宇宙航行に頼もしい道標をもたらし、パルサーの安定した高速のパルス放射は、宇宙のタイマーと見做すことができる。それゆえパルサーにまつわる研究は、既に現代天文学研究の重要な分野になっている。

　FAST望遠鏡は、パルサーの観測と発見にも優位性を持っている。FASTの感度は高く、サーベイ観測の効率は高い。このことはFASTが、短時間でさらに多くのパルサーを見つけられる可能性が高いことを示している。他の電波望遠鏡では観測できないようなより微弱またはより遠いパルサーの信号や、さらには突発的なパルス信号も、観測できる。国際パルサーデータベースのサンプルを大量に増やし、さらにはより多くのパルサーの種類や数量を発見できる。また、SN比〔有効な信号成分（signal）と雑音（noise）成分との量の比率〕がより高いパルス信号を得ることができる。それによって、パルスプロファイルを分析し、パルサー内部の物理的メカニズムと放射メカニズムをより細かく識別し、パルス構造をより細かく観察し、より正確な数値制約をパルサー理論モデルに与えることができる。

3. 長基線電波干渉計

　長基線電波干渉計は、電波天文学の開口合成技術を拡張したものであって、複数の電波天体望遠鏡を利用して、同時にひとつの天体を観測し、さらに干渉の原理を利用して、すべての望遠鏡の信号を集め、望遠鏡間の最大間隔の距離（基線）に相当する、巨大望遠鏡の観測効果を生み出す。

　この方法はただ等量であるだけで、完全な等式ではない。開口合成または長基線干渉電波望遠鏡の空間解像度（点源天体を解像する能力）は、観測中に使用する最長の基線によって決まる。だが感度（微弱な天体の信号を探測する能力）は、各アンテナの総受信面積によって決まり、それは望遠鏡の口径と関連している。したがって、天体望遠鏡は技術の許す限り、口径が大きいほど望ましい。

　FAST望遠鏡には大口径という優位性がある。FASTをほかの望遠鏡と組み

合わせて長基線電波干渉計にする、あるいはさらにいくつかFASTの大口径に似た望遠鏡を製造して、一定の基線距離内に配置し組み合わせて使用するならば、高い解像度を叶えるうえに高い感度を有する。天体の超精密な構造を得ることができ、宇宙を探測する能力はさらに強力になる。

4. 星間分子を探測する

　1960年代以前、天文学者たちは観測を通して、宇宙空間は恒星系・銀河・星団・星雲など、比較的大きな団子状の天体物質を内包していることを知っていた。そして、これら天体間にある広大な星間空間は、真空状態であると考えていた。

　1960年代になって、人類は電波望遠鏡を使用し、星間空間が決して真空ではないことを発見した。むしろ星間空間は、さまざまな微小な塵・希薄なガス・宇宙放射線・粒子の流れなどで満たされていた。さらに、さまざまな複雑な有機分子を含む星間有機分子雲も大量に発見した。これは世界にセンセーションを巻き起こした大事件であり、「1960年代の天文学四大発見」のひとつと呼ばれている。

　現在、既に発見された星間分子は180種類以上あり、そのほとんどは有機分子である。さらに地球上には存在せず、実験室でも生成や安定化が困難な分子さえある。科学者たちは、これら星間分子の形成過程や化学進化過程、並びに星間空間における作用などをあまり解明していない。これら多くの分子、特に有機分子の形成・分布・進化の過程や、星間分子と地球生命の起源との関係、といった問題を明らかにすることは、今はやりの天文学新分野である星間化学（または天体化学）の重要な課題である。

　それぞれの分子は一種類か数種類、特定の波長の放射線を放出する。その放射のほとんどは、電波望遠鏡で観測する周波数帯域内にある。FAST望遠鏡は高い感度や広い周波数帯など、超高度な総合性能を備えている。より多くの星間分子を探測・探求することに、重要な貢献を果たせる。

5. 地球外文明を探す

　地球以外はどうなっているのだろうか？　宇宙のどこか他の場所に、知的生命体はいるのだろうか？　人類は初っ端から、これらをずっと知りたがってい

た。しかし初期の人類には探索する方法と手段がなかったのだ。1960年代以来、電波望遠鏡技術の飛躍的な進歩につれ、私たちは既に地球以外からやって来るはるか遠い宇宙の深淵の情報を探測する能力がある。科学研究によると、銀河系だけでも数千億の太陽系のような恒星系があり、さらに宇宙には銀河系に似た系外銀河もまた無数にある。

　太陽系以外の他の恒星系で、地球のように知的生命体の居住に適した惑星があるのだろうか？　人類の好奇心と使命感によって、私たちは宇宙の奥深くの情報を探索すると同時に、宇宙の他の場所にも地球上の生命に似たものが存在しないか、知りたがっている。私たちと交流できる知性と文明は、存在するのだろうか？　私たちに最も近い「隣人」と、最も遠い「隣人」では、私たちと同じように、似通った生存環境を持っているのだろうか？　地球外文明を探すとは、広大な宇宙において、私たちの「仲間」や、宇宙における生命の意義を探すようなものだ。これまでのところ、人類はまだ宇宙でほかの「仲間」を見つけ出していない。このため、地球外生命体の探索も、私たちの探求と理想のひとつになっている。

　地球外文明を探すことは、国際的にthe Search for Extra-Terrestrial Intelligence（略称SETI）と呼ばれている。1960年代から始まり、一貫してさまざまな電波望遠鏡が地球外文明を探すことに加わってきた。これまでのところ、まだいかなる地球外知的生命体からの音信も受信していないが、この事業は絶えることなく進行中である。FASTは地球外文明を探すことにおいても、重要な役割を果たせる。

第3節　FASTが既に得た部分的な成果

　国際的に最も重要な学術誌である*Science*は以前に何度かFASTの進捗を報告し、*Nature*は2016年、世界へ大きな影響を与える科学的な出来事として

FASTの落成を挙げた。近年、FASTチームは2017年度「全国五四紅旗団支部」、第15回「中国青年科学技術賞」、第23回「中国青年五四表彰メダル」、第32回「北京青年五四表彰メダル」並びに中国鋼構造協会科学技術賞特等賞、中国機械工業科学技術賞一等賞、中国電子学会科学技術進歩賞一等賞、中国科学院傑出科学技術成就賞、全国三八紅旗手（集団）賞、中央国家機関五一労働賞などを受賞した。

FASTチームのメンバーは300件以上の論文を発表した。その中で、SCI[*28]に収録された論文は83件、EI[*29]に収録された論文は71件ある。77件の特許を申請し、その内45件が既に権利の承認を受けた。28件の発明特許を含め、別の一群も既に受理された。

2017年10月、FASTは第一陣の成果を発表する記者会見を開催した。会見で、FASTは数十個の高品質なパルサー候補天体を探測し、国際的な協力を通して関連する追跡観測を展開した結果、第一陣として2個のパルサーが認証されたことを公表した。2018年4月18日、FASTはさらに初めて発見したミリ秒パルサーが国際的に認証されたという知らせを公表した。これはパルサーの発見に続く、またも重要なFASTの成果である。2019年8月現在、FASTが既に観測し、しかも国際的な電波天文学研究者によって確認されたパルサーは86個となった。

[*28] アメリカの科学文献引用索引（Science Citation Index、略称SCI）はアメリカの科学情報研究所が設立・出版する引用データベースであり、国際的に公認された科学統計と科学評価を行う主要な検索ツールである。

[*29] 工学技術文献索引（Engineering Index、略称EI）はアメリカのエンジニア学会連合会が設立した総合的な検索ツールであり、SCIやISTP（Index to Scientific and Technical Proceedings）と共に世界的に有名な三大科学技術文献検索システムである。

第 **6** 章
未来への道

FASTは外部へ公開されてから、世界中の天文学者にとって、重要な天体観測「利器」となった。今後の研究においては、重大な科学技術上の困難を克服することで、思いもかけないような成果が必ず生まれることだろう。現在、FASTは世界最大の単一口径電波望遠鏡である。FASTの一流の総合性能と技術指標は、中国と世界の電波天文学における多くの研究領域や、関連する自然科学の分野に、重大な発見機会を与える。国際的な電波天文学界に、より多くの発展機会がもたらされよう。

　科学研究の分野では、FASTが投入されてから、中国の電波天体観測のレベルは大幅に向上した。現代物理学・天文学の理論とモデルをより確実に検証し、天文学者たちにはより多くの宇宙の新発見の機会を与え、科学者たちにはより多くのより優れた観測統計サンプルを提供した。例えばパルサーを観測する研究領域では、測量精度と探索量が向上し、パルサータイミングアレイの精度が向上した。宇宙研究の領域では、通常の観測に加えて、FASTの高感度と高速反応能力により、宇宙空間での爆発のような天文現象を観測する機会も大きく向上した。広域サーベイ観測の領域では、観測効率と観測範囲が向上し、微弱な深宇宙の情報を判別する能力が向上した。太陽コロナ質量放出の現象を追跡し探測する領域では、宇宙空間天気予報などの事業に、高品質な情報サービスをもたらした。

　技術研究の分野では、FASTプロジェクトの「三大革新」以外にも、大型電波望遠鏡を研究開発する領域で、普及・参考に値する箇所は多く、他分野の関連技術の応用にも活性化を図ることができる。FASTプロジェクトの課題を解決するため、大規模・高精度・高水準・高強度・耐疲労・低損耗・低騒音といった方面の技術・工程・材料・構造・部品・ユニット・計器・システムなどが研究開発された。これらは、中国のアンテナ製造技術・マイクロ波電子技術・パラレルリンクロボット技術・大規模構造工事・広範囲高精度動態測量など、関連する科学技術分野の進歩と革新的な発展に大きく役立った。

　人材育成の分野では、FASTプロジェクトは研究開発と建設の過程において、多くの国際シンポジウムを開催し、国内外の専門家を招いて討論した。他方、中国の専門家や科学者たちも国外の関連部門に派遣して、見学や訪問を実施した。これらは日常的な学術交流であり、FASTの科学技術チームはすべて、中

国の科学研究員である。22年間の探求と蓄積により、中国の大型天文機器・精密科学機器・大型プロジェクト・大型設備製造・柔軟性を有する駆動制御・総合的な制御管理並びに技術の研究開発と管理など、多くの技術分野について、FASTは上級職の人材を育成してきた。FASTを建設する過程で、技術チームを鍛え上げたのである。

　国際協力の面では、FASTは国際的な大型電波望遠鏡LTプロジェクトが推進された結果、実現したものであり、その発足当初から国際的で大規模な天文機器プロジェクトであり、関連する天文学機関の機器や設備の研究開発チームと、良好な交流があり密接に協力している。FASTの外部への公開により、国内外から多くの天文学者が共同利用と共同観測を申請している。これによって、より多くの革新的な視点・観点、大量のデータとハイテクノロジーの産出、多分野への応用など新しい成果をもたらす。FAST自体の優れた総合性能は、今後の国際協力や共同観測に必ず関与する。世界のさらに大きな電波天文学協力プロジェクトに加わり、低周波数帯基線アレイのネットワーク事業を主導するといった面で、国際的に重要な科学観測設備として、積極的な役割をまた一段と発揮する。

　科学の普及や教育の面では、科学的発見は科学者のすることで、市井の人たちとは関係ないと多くの人が考えているが、現代の科学研究は、大衆とりわけ若者が参加する広範な場を提供している。中高生がパルサーの発見に貢献したことも少なくない。

　2000年、アメリカ・ノースカロライナ州の高校生3名が、チャンドラ宇宙望遠鏡[*30]の観測データの分析と研究に参加した。高校生たちは天文学の知識が豊富な天文学愛好家であり、IC443超新星の残骸データを分析した時に、特殊な感触を得た。この中に、ひとつ点状のX線源が存在するようで、この

＊30　チャンドラ宇宙望遠鏡はアメリカ航空宇宙局（NASA）の「グレートオブザバトリー計画」による一連の宇宙観測衛星（全4機）のなかで3機目にあたる。旧名称は「先進X線天体物理学施設」で、後にインド系アメリカ人の天体物理学者チャンドラセカールに因んで改名された。「チャンドラ」は同僚や友人たちによるこの天文学者の呼び名で、サンスクリット語で「月」「輝き」を意味する。

ことはこの残骸データに、パルサーが潜んでいる可能性が高いことを示していた。この分析結果は天文学者によって最終的に実証された。その貢献を表彰するため、この学生3名は「Siemens－Westinghouse Science and Technology Competition Award」を受賞した。

　新しいパルサーの探索と発見に、中高生の参加を奨励するため、アメリカの国立電波天文台とウェストバージニア大学は協力してパルサー探索共同実験室（PSC）プロジェクトを興した。大量の国際的な電波望遠鏡の観測データ分析に学生たちを参加させ、しかも天文学者によって実証確認されるようお膳立てした。2009年、アメリカ・ウェストバージニア州の高校生1名がPSCプロジェクトに参加した。彼女はアメリカのグリーンバンク電波天体望遠鏡からの観測データを用いて分析し、新しいパルサー1個を発見した。これは天文学者の検証を経て確認された。

　これまで人類は既に約3000個のパルサーを観測している。その中には前述した中高生たちの貢献も含まれる。科学の門は誰にでも開かれており、中高生でも重要な科学的発見をすることができる。

　FASTのデータは全世界に公開されている。FASTはさらに科学研究に参加する中高生を育成する拠点にもなれる。より多くの中高生にFASTの観測データを調べてもらえば、科学者たちがより多くのパルサーや、その他の特殊な天体を素早く見つけ出すことの一助になる可能性がある。

　大衆宣伝という面では、FASTの落成は、辺鄙な黔南のカルスト山地を、世界が注目する国際的な天文学研究の中心地に変えた。貴州省も、中国が世界に示す新しい窓口になった。FASTプロジェクトを背景・後押し部門とする天文科学普及の基地や町は、名声を慕う無数の国内外の見学者や学習者を引き付けている。2019年9月、中華人民共和国成立70周年に当たり、中国共産党中央宣伝部は39ヶ所の全国愛国主義教育模範基地を新たに命名し、中国科学院国家天文台のFAST観測基地が幸運にも選ばれた。FASTは現地で最大の科学普及教育の資源となった。科学教育で国家を振興させるという長期的な戦略目標に役立つように、「天眼」に基づく天文科学普及基地は中国の天文科学普及事業・青少年教育事業・大衆と戦略決定層に対する宣伝事業などを推進し、深く発展させている。

第6章　未来への道　127

「天眼」展望台から「天眼」と観光地全体を見渡すことができる
(写真右側の窪みにある「小眼」は新しく建てられた平塘国際電波天文科学観光文化産業園で、FASTの観光客サービスセンターである。出所：ネッ友)

朝日の中で遠望したFAST(出所：FASTプロジェクトチーム)

FASTプロジェクトに基づく貴州省平塘国際天文体験館（出所：ネッ友）

平塘国際天文体験館内配置（出所：ネッ友）

第7章
誰もが関心のある
問題への答え

FASTプロジェクトは世界中の注目を集めている。また、天文・技術・科学成果の創出・活用見通し・技術普及およびFASTの作業環境などの問題について知りたいと願う人々も、多く引き付けている。人々の関心事であり、本書中に収めきれない幾つかの問題に対して、できる限り回答しよう。

1. 電波望遠鏡と光学望遠鏡の違いは何だろうか？

電波望遠鏡と光学望遠鏡の共通点は、どちらも天体の放つ電磁波を観測することである。違いは、受信する電磁波の波長が異なることである。電波望遠鏡が受信するのは電波で、肉眼では見えない電磁放射を多く捉えられる。光学望遠鏡は可視光線しか捉えられない。

電波望遠鏡の構造原理は光学反射望遠鏡と似通っている。電波望遠鏡に投射されて来た電磁波は主鏡で反射された後、同相で共通の焦点に到達する。回転パラボラ面をミラーに使用することで、同相での集光を容易に実現できる。このため、電波望遠鏡のアンテナ（主反射面）はほとんどがパラボラの形状になっている。

電波望遠鏡のアンテナは天体の電磁放射を集め、受信機（フィード）はこれらの信号を増幅してコンピュータに伝送し、信号を加工・処理して、研究者に使用できるように提供する。

2. 電波望遠鏡の口径は大きいほど好ましいのだろうか？

正解だ。光学望遠鏡、電波望遠鏡、またはその他の周波数帯の電磁放射を受信する望遠鏡であっても、口径が大きいほど好ましい。さまざまな周波数帯を受信する望遠鏡の目的は同じであって、宇宙の奥深くから私たちの居るここまで伝播して来る電磁放射を受信するためである。違いは、望遠鏡の焦点に設置された受信機がさまざまな周波数帯の電磁放射を敏感に区別し、該当する周波数帯の宇宙放射の強度やその他の特性を識別できることだけである。もちろん、異なる周波数帯の放射情報を受信する望遠鏡は、構造・形状・材質など細部の面でもそれぞれ異なっている。

望遠鏡の性能を表す基本的な指標は、空間解像度と感度である。空間解像度とは、はるか遠い天体が実は2つであると見分けられる能力を言い、感度とは

はるか遠い天体の微弱な信号を探測する能力を言う。これらの能力はどちらも口径に関連している。したがってさまざまな望遠鏡は、技術が許す限り、口径が大きいほど好ましいのである。

3. 中国の「天眼」は最大の電波望遠鏡なのだろうか？

　中国の「天眼」は現在、世界最大の単一口径球面電波望遠鏡だが、最大の単一アンテナ電波望遠鏡ではない。現在、世界最大の単一アンテナ電波望遠鏡はソビエト連邦製RATAN-600電波望遠鏡である。ロシアの北コーカサス地方パツホヴァ山脈の近くにあり、605mの口径を持つ。とても珍しい環状アンテナの電波望遠鏡である。

4.「天眼」はどこまで「見える」のだろうか？

　普通の人たちから天体望遠鏡について、よくある質問がふたつある。望遠鏡はどこまで見えるのだろうか？　望遠鏡はどこまで拡大できるのだろうか？　実のところ、このふたつの質問は、どちらも正確な言い方ではない。

　望遠鏡について言えば、どこまで遠い天体が見えるのかということではなく、どれだけ微かな天体が見えるのかということでしかない。例えば220万光年離れたアンドロメダ星雲は肉眼で見えるが、冥王星はこの太陽系の中にあるのに、肉眼で見えない。

　望遠鏡で見えた最も微かな天体が、いったいどれほど遠いのか、多方面から交差した検証が必要である。例えば天文学者のハッブルは、当時の観測結果にあったセファイド変光星の光度変化と距離の関係を利用して、アンドロメダ大星雲の中の恒星と私たちとの距離が、数百万光年離れていることを算出した。それによって初めて、アンドロメダ大星雲が銀河系の外にある天体だと認識できた。現在、電波望遠鏡が受信した天体信号を使用して、通常は赤方偏移量に基づいて、天体の距離を判断する。FASTは赤方偏移値が10以上の天体目標を「見る」ことができ、簡単な推算だと約100億光年以上離れた天体が「見える」。

　現在、高感度の大型望遠鏡は130億光年を超える情報も受信できるが、ただそれを判別することが難しくなってしまった。なぜなら、受信した情報には、大量の近距離天体の情報が混在しているからだ。甚だしいものでは、地球上の

情報が混在している。大量の干渉情報から、あれほどにも遠く微弱な情報を分離するには、望遠鏡の感度の問題を解決するだけではなく、現代の信号処理が直面するハイテクノロジーの問題も解決しなくてはならない。

　望遠鏡の接眼レンズは交換できるため、天文学者や経験豊富な天文マニアは、たいてい拡大倍率を追求しない。より焦点距離の短い接眼レンズを取り付けさえすれば、より大きな拡大倍率を得られるが、その代わりに画像の品質が劣化してしまう。一般的な普及型の望遠鏡なら、拡大倍率は100倍以下であれば、問題ない。

　光学望遠鏡の拡大倍率は、対物レンズの焦点距離を接眼レンズの焦点距離で割った値である。光学望遠鏡の拡大倍率とは、観測された対象の開口角が望遠鏡の光学システムを通過した後、何倍に拡大されるのかを表す。例えば、1000m離れた1mの物体を肉眼で直接観測すると、その開口角は約0.001弧度である。拡大倍率10倍の望遠鏡でその物体を観察すると、その開口角は0.01弧度で、肉眼で100m離れたところでその物体を観察することに相当する。

5.「天眼」の解像度はどれほどだろうか？

　実のところ、「天眼」の解像度は高くない。これは解像度が口径だけでなく、放射の周波数帯にも関係しているためだ。物理学のレイリー基準[*31]によると、ふたつの物点の最小解像角度は $\theta \approx 1.22\dfrac{\lambda}{D}$ で、この式の λ は放射の波長を、D は口径を表す。したがって同じ口径では、観測する波長が短いほど（λが小さいほど）、物点を見分けられる角度が小さくなる（解像度が高くなる）。逆に観測する波長が長いほど（λが大きいほど）、物点を見分けられる角度が大きくなる（解像度が低くなる）。FASTを例に取ると、FASTの観測する波長の範囲はセンチメー

[*31] レイリー基準は科学者のレイリーが提案した基準であり、回折解像限界とも呼ばれる。点光源は光学機器の小さい円形開口を通過した後、回折の影響により、形作られる画像はひとつの点ではなく、明暗が交互する円形の光の斑点になる（エアリーディスク）。あるエアリーディスクの周辺部と別のエアリーディスクの中心とがちょうど重なり合う時、この時に対応するふたつの物点が人間の眼や光学機器によってうまく識別できる。この基準をレイリー基準と呼ぶ。

トルからメートルであり、光学的な周波数帯（ナノメートルレベル）とは5～6桁も異なる。FASTの口径は大きいにも関わらず、観測する周波数帯は長波（低周波）に属するため、解像度は高くない。FASTで「見た」月と比べて、人類の肉眼で見た月のほうがより鮮明であると言う人もいるが、それはFASTの強みとするところではないためだ。FASTの強みは大きな口径による高感度で、100億光年先の電波放射情報を感知できることである。

6.「天眼」の寿命はどれほどだろうか？

　中国の「天眼」の設計寿命は30年である。だが、世界の主要な電波望遠鏡の多くは、年限を超過して在役している。設計寿命を過ぎた後も、一連のアップグレードによってFASTは引き続き使用できる。アレシボ電波望遠鏡がもう50年以上在役しているように、設計寿命は既に超過しているが、現在も依然として重要な役割を果たしている。

7. 雨は「天眼」に影響するだろうか？

　実際に、降雨や雲霧などの気象要因は、比較的長い波長の電磁波の伝播にほとんど影響せず、比較的短い波長の電磁波にやや影響するだけである。FASTが感知する波長、特に中核的波長は、ほとんど影響を受けない。そのため昼夜を問わず晴天であろうと曇天であろうと、FASTは全天候で観測を行うことができる。
　では豪雨の時、FASTは降雨で水没してしまうのだろうか？
　それもまたありえない。FAST反射面のアルミニウム板には万遍なく多くの穴が開けられているので、雨水は抜け落ちて行くことができる。しかも反射面の下には排水路が特別に建造されている。またカルスト地形の天然の漏斗効果により、水が溜まることは無い。さらに、反射面の下にある植生には、十分な日光・水・大気があるので、正常に成長できる。この植生はFAST基底部の岩石や土壌を確実に保護する。

8. FAST付近ではなぜ携帯電話を使用できないのだろうか？

　FASTは極めて感度が高いため、外部からの電波干渉の影響をとても受けや

すい。甚だしい例では、FAST自体の電気器具からも影響を受ける。FAST付近で使用する携帯電話や電気器具、また数十km離れた飛行機が地上へ送る情報など、すべてがFASTへの電磁波障害となる。人類の活動で生じる電磁干渉からFASTを守り、FASTの正常な運用と科学成果の創出を確実なものとするために、貴州省も特別な規定を定め、FASTを中心に5km以内の基地局すべてを閉鎖するよう求めた。したがってこの規定区域に携帯電話の信号はなく、携帯電話で電話をかけたり受けたりすることはできない。他にも、この規定区域ではデジタルカメラは使用できない。自動車も電子制御点火システムを使用できない。往来する大型乗用車はいずれもディーゼルエンジンを採用しなくてはならない。空中の飛行機の航路も相応して調整される。もちろん、FASTシステム自体の電気器具系統も、必要な保護措置を取っている。

9. こんなにも大きいFASTは、汚れたらどうやってクリーニングするのだろうか？

FASTはとても大きく、パネルはとても薄く、さらに網状の構造であるため、人間が上に立ってクリーニングすることには、間違いなく耐えられない。このためFASTはさらに特別な研究を行って特許を申請し、メンテナンス管理の特別制度と手順を確立した。FASTは特別なクリーニング道具と、クリーニング手順を備えている。

10. 雹はFASTを損傷させるだろうか？

FASTの主反射面のパネルはとても薄く、厚さは約1.5mmしかない。大ぶりな雹は、間違いなく反射パネルを損傷させる。このため、FASTチームは特別に小さな気象台を建設した。この気象台は局地的な天気予報や、雹の予報を作成することができる。さらにFASTの近くには人工の雹防止設備や装置もある。FAST付近の気象環境に雹が積もると、触媒で消散させる。

11. FASTの反射面は網状ということだが、その下の地面に日光は十分に届くのだろうか？ 植生は多いのだろうか？

FASTの反射面は網状で、光透過率は50%を超える。このため、その下の空

間には日光が十分にある。植生も生い茂り、定期的に草を刈らなくてはならない。草丈が高くなると反射面に伸び出て、信号の受信に影響するため、蔓科植物が反射面の下のアクチュエーターに絡みつかないよう、注意しなくてはならない。

12.「天眼」はどんな資材で製造されたのだろうか？ 製造のサイクルはどのくらいだろうか？ 交換やモデルチェンジは必要なのだろうか？

　FASTはそれぞれの部位にそれぞれ異なった資材を使用している。例えば主反射面のパネルにはアルミニウム合金を採用し、円周梁は鋼鉄製、支持塔骨格は鉄製である。ケーブルネット・支柱・受信機など各部分に多くの細々とした部品があり、すべてがさまざまな最適な資材で作られている。各部品の製造サイクルもみな同じではない。特注で製造したものもあり、それらは設計・試験・改良・型決め、さらに加工・輸送・設置などという過程を経なくてはならないため、製造サイクルが長めになっている。細々とした各部品はそれぞれの耐用寿命があり、期限が来たら交換しなくてはならない。自動車と同じように定期的な点検や整備が必要で、一定の期限になるとさらにオーバーホールや主要部品の交換などが必要になる。

13. こんなにも大きい「天眼」は、どうやってメンテナンスを行うのだろうか？

　FASTには特別なメンテナンス制度があり、特別なメンテナンス通路もある。例えば、主反射面には円周梁から梯子を登り、ユニットブロックの作動状況を点検できる。円周梁の周りには吊り材がある。フィードキャビンについても、主反射面底辺部分の開口部にフィードキャビンのドッキングプラットフォームがある。そこが、フィードキャビンにメンテナンスや機器部品の交換・計器の調整検査などを実施できるよう、特別に設置された作業用プラットフォームである。

14. 電波望遠鏡は宇宙の始まりの音を探測できるのだろうか？

　電波望遠鏡が受信する周波数帯は、私たちが普段に使用している電波と同じ周波数帯にある。初期の電波は音の搬送波として伝播するので、人々は電波とは聞き取れるものであるようにイメージしている。実際の所、私たちが聞き取っているのは電波そのものではなく、電波が搬送してきた音なのだ。電波望遠鏡が受信する宇宙の電波は宇宙の音を搬送していない。そのため例えこれら宇宙の電波を音波に還元しても、あるひとつの解釈に過ぎず、真に宇宙の音が「聞き取れた」のではない。

15. こんなにも大きい「鍋」は、どうしても強い反射・集約された電磁波のエネルギーを持つが、この地域を行き交う鳥などの動物に、害を及ぼすことはないのだろうか？

　宇宙からやって来る通常の電磁放射は非常に弱い。それこそが、科学者たちは探測のために、なぜこんなにも大きい望遠鏡を建造しなくてはならなかったのかということの原因である。こんなにも大きい望遠鏡であっても、探測し焦点を結んで強められた信号が、強すぎるということはない。また、電波望遠鏡が受信する電磁波は地球上のあらゆる場所に存在する。したがってFASTへの干渉を避けるため、FASTの観測地は5km以内で静電気の絶縁を必要とする。これらのことから、FASTによって集約された信号のエネルギーは、私たちが普段使用する電気器具の放射と同じレベルであり、人体や鳥などには害を及ぼさないことが分かるであろう。

16.「天眼」は太陽を観測できるのだろうか？

　太陽は、私たちに最も近くて尚且つ最大の電磁放射源であるが、電波望遠鏡を太陽に向けてはいけない。なぜならこうして集めた反射信号は強すぎるばかりでなく、後続の受信装置を「焼損」してしまうからだ。したがってFASTは昼間に天空の電波源を観測できるが、太陽に近づきすぎることはできない。さもないと、望遠鏡の保全システムが「警報」を鳴らす。

17. FASTは大量の微弱な電磁波を集めることができるが、FAST自体が晒されている環境の中の、または宇宙からのバックグラウンドノイズと、観察したい微弱な宇宙の信号とをどのように区別すればよいだろうか？

　もし宇宙から集めた情報と環境の中のノイズとがほとんど同じレベルなら、それを区別する方法はない。私たちのFASTは非常に感度が高く、周囲に少しでも干渉があると役に立たない。そのため、5km範囲内に静電気の絶縁区域を設けなくてはならない。FAST自体の運用にも駆動用の電力が必要だが、これらの設備は受信信号に干渉しないよう既に管理され、遮蔽措置が取られている。

18. 宇宙人からの「手紙」は、本当に届くのだろうか？　もし宇宙人が存在しているなら、FASTが発見できるだろうか？　電波望遠鏡が受信した情報が、「宇宙人からの手紙」かどうか、どうやって判断するのだろうか？

　望遠鏡が受信した信号は、ある周波数帯における強度の情報であり、信号の強度コードにさまざまな意義がある可能性がある。いわゆる宇宙人というのは、実のところ地球外知的生命体の別称であり、それらは規則的で知性のあるメッセージを送れるのかもしれない。それらのメッセージの意味が私たちには分からなくても、何らかの規則性があるはずだ。現在私たちは、人類が発する知的情報の種類に基づいて、地球外文明の情報を推測し、探求している。

　ここでは2種類の情報について、判別と除去をしなくてはならない。ひとつは宇宙の自然天体が放出する電波放射で、もうひとつは地球の人類の活動が放出する電磁放射である。宇宙の自然天体のサイズは非常に大きく、放射信号には通常固定的な方位があり、赤方偏移または青方偏移の現象が現れる。しかし地球上で人類のテレビ・ラジオ・ナビゲーション・通信などの信号は、すべて特定の変調された周波数帯にあり、それらの周波数帯は特に狭く、固定的な方位は持っていない。

　地球に生命が生存している環境に照らしてみると、もし地球外知的生命体による信号があるなら、恒星の周囲を回転する惑星から放出され、固定的な方位と周期的な赤方偏移か青方偏移の現象があるはずだ。

もちろん実際の観測では、未知で判断し難い様々な信号に遭遇する。この分野の研究に従事する科学者も、さまざまな情報を見分けるため、より複雑な方法や手段を持っている。この「道程」には、まだまだ多くの謎が私たちを待ち受けている。

19.「天眼」によって暗黒物質を観測できるだろうか？

　暗黒物質が通常物質と違うのは電磁波を放射しないことであり、現在の私たちが使用するあらゆる電磁波の探測手段では、見つけ出せない。ではなぜ私たちは暗黒物質が存在することを知っているのだろうか。それは、暗黒物質が周囲の通常物質に対して引力作用を持つからだ。現代天文学による観測では、宇宙で最も主要な物質が、私たちの眼には見えない暗黒物質であることを示している（暗黒物質は宇宙の全物質の約85％）。そして、私たちのよく知っている陽子・中性子・電子から成る通常物質は少数派である（通常物質は宇宙の全物質のわずか約15％）。

　現在FASTは世界で最も感度の高い電波望遠鏡だが、FASTの感度がどれほど高くても、暗黒物質を直接探測することはできない。これは暗黒物質の研究においてFASTが少しも役に立たないという意味ではない。実際に暗黒物質の粒子の基本的な性質を調べることも、FASTの重要な役割なのである。

　暗黒物質粒子の基本的な性質については、研究上ひとつの重大な未解決の謎があり、現在、国際的な暗黒物質研究における活発な論点になっている。その謎とは、暗黒物質粒子が本当に、素粒子物理学者や天体物理学者がおしなべて考えている通りの、冷たい暗黒物質（コールドダークマター）なのだろうかということだ。近年の多くの観測と数値シミュレーションによって、天文学者たちは、銀河以下の尺度だと冷たい暗黒物質モデルに大きな欠陥がある可能性を発見している。そしてFASTはこの「懸案」を解決するための重要な役割を果たせる見込みがある。FASTの超高感度によって、近隣する銀河の周りに存在する矮小銀河の中性水素を探測し、光学的な周波数帯ではずっと探し出せなかった大量の暗黒物質の下位構造を、この強力なFASTのもとで明らかにしたい。

　要するに、これら暗黒物質の下位構造が「見える」か「見えない」かに関係なく、どのみちFASTの感度によって、暗黒物質粒子の基本的な性質が大幅に絞

られる。すなわち人類が暗黒物質粒子の基本的な性質を理解するため、FASTは重要な貢献を果たす。

　FASTによる中性水素の高感度観測データは、宇宙の物質分布や大規模運動の特性を分析することにも使用できる。暗黒物質が「見えない」原因となっている作用を分析し、暗黒物質の研究にきっと貢献する。

20. 重力波を観測する分野で、FASTにはどんな優位性があるだろうか？

　重力波は電磁放射ではない。電磁放射を受信する方法で探測することはできない。FASTの科学的目標のひとつはパルサーの観測である。このなかで、パルサータイミングアレイによる観測が、重力波の研究と関連している。

　一方で、重力波による時空の歪みにより、さまざまな方向におけるパルサー信号が地球に届くまでの時間は変化する。もしさまざまな方向における時空の変化を識別できれば、時空における重力波の効果を推算できる。また別の一方で、FASTで重力波対応天体（重力波発生源の天体）を探測することも願っている。例えばブラックホールやパルサーの間で衝突があると重力波が発生し、同時に電波周波数帯の電磁放射も発生する。つまり、FASTでこれらの衝突で発生する重力波の対応天体が放つ電磁放射を探測し、重力波の発生メカニズムを研究していきたいと願っている。

21. ブラックホールの写真を合成した電波望遠鏡は「天眼」と何が違うのだろうか？

　ブラックホールの写真を合成した電波望遠鏡は、数多くのミリ波・サブミリ波電波望遠鏡で構成された超長基線電波干渉計である。科学者たちはこのアレイにある望遠鏡すべての観測データを組み合わせ、合成処理を行い、ようやくブラックホール周辺の合成写真を作成した。ブラックホールが周囲の物質を降着する時、ミリ波・サブミリ波周波数帯の放射が比較的強いため、この周波数帯を受信する望遠鏡の観測データを合成処理に使用することの方が、より適している。しかもこの周波数帯の波長は比較的短く、解像度はいっそう高いので、現在の人類が獲得した最高の解像度に到達できる。「天眼」が受信する周波数

帯はセンチ波からメートル波で、こうしたブラックホールを捉えるという役目には適していない。

22. 非常に困難だったFASTの建設は、中国の製造レベルを向上させることができただろうか？

　科学の発展には高精度の機器や設備が必要で、その高精度の機器や設備も、またハイテクノロジーの後押しを必要とする。ハイテクノロジーは、関連する産業の技術研究開発や製造能力の向上を促す。これらは波及効果を持っている。例えば、中国の月探査プロジェクトは、国の衛星打ち上げ・有人宇宙飛行・宇宙探査・精密制御といった方面の科学技術の発展を、互いに関連し合って推進してきた。同じように、FASTの研究開発や建設における経験は、中国の大型機器製造・大スパン工事の精密制御・高精度かつ高速の測定制御といった面の技術レベルの向上や、革新的な応用を促進した。

23.「天眼」と私たち一般民衆との関係は、どんなものだろうか？

　FAST自体が国家の重要な科学技術インフラ設備であり、科学研究のための抜きん出た機器である。この分野の研究を専門とする科学者だけがFASTを操作し使用する機会があり、一般民衆と直接の関係は無いように思われる。しかし、FASTは中国の重要な科学機器として、公衆に広く知られ、影響力はとても大きい。多くの人々がFASTの立地する科学の町を訪れ、とても勇気付けられている。特に多くの若い学生たちが科学から影響を受け、励まされている。将来は科学研究に従事し、宇宙の謎を探索することを志してくれた。FASTの設立とその背後にある科学の精神は、中国の次世代の若者が科学に身を投じる熱意に影響を与え、基礎科学研究の分野でさらに大きな歩みを踏み出させる。

1　私の知る南仁東先生

　南仁東氏（ナン・レンドン、1945年2月-2017年9月）は中国の天文学者であり、中国科学院国家天文台の研究員でした。かつてのFASTプロジェクトの首席科学者であり、チーフエンジニアを兼任しました。主な研究領域は電波天体物理学と、電波天文学技術・技法です。国家の重要な科学技術インフラ設備である500m球面電波望遠鏡（FAST）の科学技術業務を担当する責任者でした。南仁東氏は天文学の研究に没頭し、独自の革新性を弛まず主張しました。1994年にFASTプロジェクトの概念を提唱し、貴州省のカルスト窪地を望遠鏡の台座用地として活用することを主導しました。論証や正式なプロジェクトとして立ち上げることから始め、建設完了まで22年をかけました。一連の技術的な難題を克服すべく取り仕切り、FASTの順調な落成に向け、とりわけ大切な役割を果たしました。2018年に南仁東氏は「改革先鋒」の称号を授与され、2019年9月に「人民科学家」の国家栄誉称号を授与されました。

工事現場に立つFASTプロジェクト首席科学者の南仁東氏

1980年代、本書筆者である私と南仁東先生は、どちらも中国科学院北京天文台（現在の国家天文台本部）で活動していました。その頃は同じチームで一緒に研究することは無く、何ら交流はありませんでした。1990年代の初めに、私は日本の宇宙科学研究所へ働きに行きました。ある時、日本の国立天文台野辺山宇宙電波観測所の会議に行くと、日本の友人がこう言うのを聞いたのです。
　「あなたがた北京天文台の専門家が、ちょうどここで活動していますよ。私たちを大いに助けてくれました」
　私はさっそく、それはどなたですかと尋ねました。日本の友人は、
　「南教授ですよ。すぐにお会いできます」
　はたしてしばらくすると、身なりに無頓着な人物がやって来ました。しかし日本の友人はその人をとても尊敬していて、それが南仁東先生でした。挨拶を交わしてから、日本の友人は、私たちを当時アジア最大の電波望遠鏡（口径45m）へ、一緒に連れ立って行こうと申し出てくれました。当時、望遠鏡はメンテナンス期間でした。日本の友人は私たちを45m大反射面アンテナのパネル上に登らせてくれて、私たちはその巨大な望遠鏡の全貌を初めて知ることができました。私は南仁東先生に問い掛けたのです。
　「日本の人たち、どうしてこんなにもてなしてくれるのですか？」
　南先生は、
　「うん、私はいくらか技術的な問題で、あの人たちに力添えしたのだよ。だから喜んでくれているのだ」
　「日本の人たちの望遠鏡、どんなふうにあなたが力添えして、問題を片づけたのですか？」
　南先生はこう答えました。
　「私が清華大学で電波学を専攻していたことを忘れないでね。電波望遠鏡と電波受信機の原理は、似通ったものなのだよ」
　案の定、道中で出会った日本のスタッフたちはみな南先生のことを「先生」と呼んでいました（日本語で「先生」は篤い尊敬を表す敬称で、普段の同僚同士ならお互いを「さん」と呼びます）。私はまた南先生に尋ねました。
　「あなたはここで、日本の人たちの『先生』になったのですね。帰ったらウチらも一基作りましょう。中国でもこういう電波望遠鏡は作れます？」

南先生は答えて、

「これが何だ。やるならこれよりもっと大きいのだ。世界一流の大型電波望遠鏡を作るのだ」

当時、中国には名の知れた大型天体観測機器など、まだありませんでした。語気荒げ、まさしく南先生にこそ、東北男児（南仁東先生は吉林省遼源市生まれ）の闘志、ここにありでした！

中国に帰った後、私は南先生と同僚たちが大型電波望遠鏡LTの活動を進めていると聞き及びました。私は、「今なら南先生は腕の振るい時。いつ夢が叶うかは分からないけど」と思っていました。思い至らなかったのですが、南先生は20年以上、ひたすらこれに忙しかったのです。

南先生はますます忙しく、業務の必要性のため北京天文台の副所長にも就任しました。ある時、私は南先生の所へサインをもらいに行くと、南先生が忙しく資料を調べたり、さらに時々紙へとスケッチなど描いたりしているのを見ました。私はそれを目にして、

「おや、この手書きの線はどうしてこんなに真っ直ぐなのですか？」

南先生が言うには、

「知らないの？　私にはちゃんとスケッチの心得があるのさ。普通のスケッチを描くのに定規は要らないよ」

私はふざけて、

「全くそうは見えませんね。あなたみたいに無骨な見かけの人が、これまたこうも細やかな仕事をするなんて！」

南先生は強靭な意思を持って働いていて、事を成し遂げるに更に粘り強かったのです。FASTプロジェクトがまだ正式に立ち上げられていなかった頃、南先生はあくまでも「骨は折れるもの、声は嗄らすもの」と、事前研究のための予算を探し出していました。FASTプロジェクトが正式に立ち上げられてからは、南先生はもっと忙しくなり、いつも貴州と北京を行ったり来たりしていました。時にはさらに、全国の協力してくれている数十の科学研究や技術の機構と連絡を取らなくてはなりませんでした。様々な国際的な会議、国内の会議に、いつも参加していました。

2009年、国際天文学連合の総会がブラジルで開催されました。そのころ南

先生はもう体調があまり良くなくて、会議には出席しないか、あるいは出席するとしても滞在日数を少なくするよう、誰しもが勧めました。ところが、南先生は電波委員会の副委員長として、どうしても行かなくてはなりません。その上、終始中国の電波天文学をアピールしなくてはならず、十数日間の会議の間中、南先生は他の誰よりも忙しくしていました。帰国後、またもやFASTの建設工事開始に間に合わせると、用事は山積み、雑然とした状態でした。またしても南先生が、どうすればよくよくお休みになれたものだったでしょうか。例え、飲まず・食わず・眠らずであっても、時間は足りないかのようでした。

　そんな忙しさにも関わらず、南先生はやはり人懐っこくて、親しみやすかったのです。南先生にものをお尋ねした時、一度も多忙を言い訳に逃れたりしませんでした。南先生にメールを送るとさっと返信をくれました。あの数年間、南先生がとても忙しいことを皆は分かっていて、ありふれた事で面倒掛けたくはなかったのです。ですが、南先生しか解決できないことも、しばしばありました。どんな時間の電話であっても南先生は応答してくれて、絶対に口実をつけて拒んだりはしませんでした。

　晩年の南先生は声帯が損なわれて、もう話すことが難しくなっていました。そのころ私は本書を執筆する仕事を引き受けたばかりで、そのため南先生に教えていただかなくてはならないことが幾つもありました。何度も電話を手にしましたが、あえてダイヤルしませんでした。南先生の安息を邪魔してしまうかとひやひやしましたし、お話しすることで南先生の声帯を痛めてしまうことも心配でした。最後、どうしてもダイヤルしなければなりませんでしたが、南先生が即座に応答してくれるとは思いませんでした。私はすぐに本書を執筆することについて、南先生の意見を尋ねました。そして、

　「しゃべらなくていいです。ただ私の話すことを聞いてください。具合が良いときに、メールで返信を下さい。南先生の意見と提案をお願いします」と言いました。

　結果、その日のうちに南先生から返信が来ました。私はこのことにとても感動しましたが、これが私と南先生の最後の遣り取りでもありました。そのころ南先生はもう話すことがとても困難になっていて、一文を丸ごと話しきることはほとんどできませんでした。しかし南先生は息を切らしつつ、ほぼ一字一句

ずつでしたが、私あてにとてもしっかりと簡潔な提案をなさり、のみならず、ご自身の表現で仕上げてくれて、メールしてきてくださったのです。

　南仁東先生はとても責任感の強い人でした。FASTプロジェクトチームの参加者たち誰もが、南先生の20年以上に亘る苦難に満ちた奮闘に進んで従い、苦労や骨折りを厭わないのも不思議ではありません。南先生の方がリーダーとしてずっと苦労していたし、ずっと骨折りしていたからです。だから誰しもが南先生のような人と一緒に働くと、身体がきついのはたいしたことではなく、心の充足が得られたと感じました。

　FASTの落成は赤子がひとりオギャアと生まれ落ちたようでした。赤子の父親はもちろん南仁東先生です。しかし今、赤子は成長し、父親は他界してしまいました。高々と雄大なFASTの姿を見ると、南先生の面影を見るようです。FASTは南仁東先生への永遠の記念物です！

　人生をFASTに捧げた尊敬すべき南仁東先生に、謹んでこの本を贈りたいと思います！

郭紅鋒

2 「天眼」の窪地を探した私の経験

　私は貴州省平塘県の隣、独山県の生まれです。大学に入るまでずっとそこに住んでいて、小さかった頃は、よく平塘にも遊びに行きました。あの頃、故郷は至る所青々と山河なりと思っていました。洞窟・山窪・地下河川がとりわけ多く、不思議で独特だなとは思っていましたが、どうやってできたのかは知りませんでした。1977年、私は貴州工学院地質学科に入学し、水文地質学と土木地質学を専攻して、ようやく貴州省は、カルストの面積が省全体の70%を占めることを知りました。カルストの地質地形の特徴や発達の過程を、初歩的に理解したわけです。

　1980年に大学を卒業してから、私は貴州省地質鉱産勘査開発局科学研究所で勤務するよう、配属されました。ちょうど研究所は、地質鉱産部から下達された「黔南地域のカルスト研究」という課題を受け取ったばかりでした。幸い、私はそのプロジェクトの研究に参加することができました。「黔南地域のカルスト研究」の範囲は黔南地区全体・安順地区・黔東南地区の一部であり、このプロジェクトの研究は5年近く進められました。地層の岩質から地質構造・地形の発達・地下水・鍾乳洞の地下河川・窪地・土木地質に水文地質といったものまで、体系的で深く掘り下げた研究を行いました。また、MSS衛星画像・航空写真・屋内実験など新しい技術手段を使用しました。研究地域のカルスト発達の法則を基本的に解き明かし、その成果をまとめ上げ、専門書の『黔南岩溶研究』として出版しました。そして、1987年に地質鉱産部科学技術進歩賞二等賞を受賞しました。私はこのプロジェクトの研究に参加し、貴州省の山河をくまなく実地調査し、研究地域の水文地質と土木地質を重点的に研究しました。1984年には『中国岩溶研究』という雑誌の創刊号に「炭酸塩岩性因素控制下喀斯特発育特徴」と題した論文を発表しました。この論文は私の将来の研究と活動のために、強い地盤を築いてくれました。

　1988年に私は南京大学の地理学科に入学し、修士課程・博士課程で学びまし

た。有名な地理学者で、カルスト学者であった中国科学院院士の任美鍔先生と、余錦標先生に師事しました。おふたりは共に貴州省にやって来て、貴州省のカルスト地形を研究したことがありました。1993年に私は博士課程修了後、中国科学院遥感応用研究所のポスドクワークステーションに転入しました。中国のリモートセンシング領域の開拓者で、中国科学院院士の陳述彭先生に師事し、地質学領域におけるリモートセンシング技術の応用を研究しました。

1994年の夏に北京天文台（現在は国家天文台本部）の南仁東副所長と彭勃博士らが当所を訪れ、中国全土の範囲内で大型電波望遠鏡の建設に適した窪地を探す件を諮問していたところ、当所のリーダーが私に、天文台からやって来たこのおふたりと話し合うよう、勧めました。私の報告を聞いた後、南仁東博士たちは私を貴州省に行かせて、一度は的を絞った現地調査を行おうと決めました。同年8月から9月にかけて、貴州省科学技術委員会の支援を受け、私は平塘県・普定県などを1ヶ月以上実地調査しました。オランダで開催されたLT会議に「中国貴州省における立地選定調査報告」を提出し、さらに会議で十分な承認を得ました。直後、私は参加者のひとりとして、引き続きFAST探求の、とても長い旅路につくことになったのです。

1994年末、中国天文学界は北京天文台を中心にLT（SKA）中国推進委員会を結成し、私を台座用地評価グループのリーダーに推薦しました。立地選定の要件によれば、選び出す窪地は必ずや、次のような要件を満たしていなければなりません。台座用地はできる限り円形であること、交通が便利である上に比較的隔離されていること、地盤が安定していること、電波の干渉が無いことなど、幾つもの要件がありました。

貴州省には多くの窪地があり、広大な面積に分布していますが、上記の条件を満たすような窪地を見つけ出すことは、非常に困難でした。このため、私たちは以前に貴州省で活動した経験とカルスト窪地の発達法則に基づいて、苗嶺分水嶺の両側にある黔南プイ族ミャオ族自治州と安順地区を選び出し、リモートセンシング技術を応用して予め全面調査を行いました。そのあと地形図にひとつずつ印を付けていき、さまざまな指標を検索できる300ヶ所以上の窪地のデータベースを作り上げました。それと同時に私は「大型射電望遠鏡中国貴州選址研究報告」という、ポスドクワークステーションから巣立ちする論文も完

成させました。これを基盤として、中国LT推進委員会委員長の南仁東博士、副委員長の彭勃博士、国際LT中国代表の呉盛殷教授、オランダの天文学専門家のリチャード博士、並びに私が相次いで平塘県や普定県に行き、幾つもの窪地に台座用地の現地調査と、電波干渉の状況測定を行いました。1995年10月、LT第三回国際会議が貴州省貴陽市で盛大に開催されました。会議の代表者たちは、10月1日から3日にかけて、平塘県と普定県を訪問し、窪地の現地調査を行い、中国貴州省での立地選定を高く評価しました。

1997年にLT（SKA）中国推進委員会は、LT（SKA）中国プロジェクトという概念を先導する計画を公表しました。すなわち、中国が独自に世界最大の単一口径球面望遠鏡（FAST）1基を建造するという革新的計画の第一歩となる構想でした。FASTの建設は中国の天文学者たちの賛意を得て、当時の中国科学院の路甬祥院長に連名書簡を送りました。路院長は、指示の中で「FASTは中国科学院『第十次五ヶ年計画』における国家大型装置の候補となり得

1998年、南仁東博士たちと平塘県の鶏窩冲を現地調査

1996年、貴州省科学技術委員会の巫怒安さんと平塘県を現地調査

1995年、彭勃博士、副県長の王佐陪さん、リチャード博士と平塘県を現地調査

る」としました。弛まぬ努力と地道な研究活動を経て、2006年にFASTは国家プロジェクトとして正式に承認されました。

これは大掛かりな科学プロジェクトであり、窪地に対する立地選定の要件は、プロジェクトの弛まぬ向上につれて変更されていきました。窪地の直径に対する要求は300mから始まり350mへ、400mから500mへと変更されました。このため立地選定の作業を10年以上ずっと続けたのです。現地調査や、シミュレーション計算と総合評価に基づき、最終的に平塘県大窩凼窪地をFASTの台座用地に選び出しました。

FASTプロジェクトが正式に承認されてから、立地選定グループはFASTの台座用地に対する厳しい要件をめぐり、リモートセンシング・GIS・シミュレーション技術を応用しました。台座用地に関する土地の安定性・水文土木地質・

国家的大規模科学プロジェクト、貴州省直径500m電波望遠鏡の
リモートセンシング・物理探査による総合調査

大窩凼窪地のリモートセンシング画像。その画像により立地選定

大窩凼の元の風景（2006年4月）

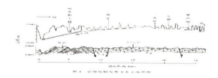

0.61m解像度で得た大窩凼窪地の「クイックバード」リモートセンシング画像

カルスト地質災害・周辺環境・工事掘削量など一連の問題について、大窝凼に対して実行可能性研究を繰り広げました。また国家天文台のFASTプロジェクト指揮準備グループに関連報告を提出し、大窝凼をFASTの台座用地にできる可能性を是認しました。

2006年、彭勃博士、貴州省地質鉱産勘査開発局の専門家と共に地下水浸透状況を調査研究

2008年、国家天文台は私を正式にFAST台座用地システムのチーフエンジニアに任命しました。私は大窝凼の台座用地について、土木地質調査と掘削作業に責任を負うことになりました。この期間中、私と国家地質調査局のチーフエンジニアである殷躍平さん、貴州省地質鉱産勘査開発局地質工程勘察院・貴州省冶金設計院・貴州省建築勘探院の職員たちが、大窝凼の土木地質について、初期調査・詳細調査・設計作業を共同で仕上げました。私たちのこの業務は、FASTの大規模な建設事業に、信頼できる科学的な根拠をもたらし、FASTの工事完了後の安全な運用のために、堅実な基盤を築きました。

GISに基づく掘削量の算出

500m口径球面電波望遠鏡工事の起工式

2006年、地質鉱産部門のチーフエンジニアである殷躍平さん、王明章さんと現地調査

2013年、石亜鏐博士と工事現場にて

　1994年から現在まで、20年以上の月日が過ぎました。思い返せば万感の思いです！　私は青年時代からFASTに付き従い、共に歩んで今日に至りました。それは長いこと試練を経験してきましたし、さまざまな困難にも遭遇しました。しかしカルスト窪地を利用してFASTプロジェクトを実現できると思うと、比べるものが無いほど嬉しく感じます！　今、この長年の夢が実現しました。そしてこれは私を養い育ててくれた貴州省の故郷への、ささやかな恩返しとも言えます。

　立地選定過程のとりわけ初期段階で、中国科学技術部、中国科学院、および

付録 153

夢が飛び立つ翼

　中国科学院遥感応用研究所の院士である童慶禧さん・郭華東さん、研究員の田国良さん、並びに関連部門や地方政府の皆様から頂いたご配慮とご支援やご協力は、今でも決して忘れられません！

　貴州省の党委員会と省政府、黔南プイ族ミャオ族自治州の党委員会と州政府、安順市の党委員会と市政府、平塘県の党委員会と県政府、普定県の党委員会と県政府の皆様へ、FASTプロジェクトの完成のため、ご支援と弛まぬ努力を頂いたことに、心から感謝いたします！

聶躍平

聶躍平（ニエ・ユエピン）：中国科学院遥感与数字地球研究所の研究員、指導教官。FAST台座用地システムのチーフエンジニア、中国科学院・教育部・国家文物局遥感考古聯合実験室の副室長。

3　FASTプロジェクトの主要な時系列

1994年、この年から天文学者たちは何度も中国の西南地方に馳せ参じ、現地調査を開始した。400ヶ所以上の窪地を分析し、候補となりうる窪地90ヶ所の高解像度デジタル地形模型の画像を制作した。最終的に貴州省平塘県大窩凼窪地をFASTの台座用地に選び出した。

1999年、「大型電波望遠鏡FASTに関する事前研究」は中国科学院の知識革新プロジェクトにより第一期の支援を受け、重要プロジェクトとして正式に立ち上げられた。中国科学院と中国科学技術部から経費の支援を獲得した。

2002年、「FAST要所技術の最適化」が中国科学院の重要な方向性を持つプロジェクトとして支援を獲得した。

2005年、国家自然科学基金委員会は「巨大電波天体望遠鏡（FAST）の全体設計と要所技術研究」という題名の元で、融合学科重点プロジェクトを始動させた。

2005年、中国科学院は国家重要科学技術インフラである「FAST提案書専門家審議会」を招集した。このプロジェクトは、専門家たちの審議を通過した。

2007年、FASTプロジェクトは国家の「第十一次五ヶ年計画」の重要な科学プロジェクトとして、国家発展改革委員会の承認を得て、国家プロジェクトとして正式に設立された。

これら初期の研究成果で、FASTプロジェクトは着実で科学的かつ理論的な基盤を固めた。

2008年12月、FASTプロジェクトの初歩的な設計と費用の概算が、中国科学院と貴州省政府によって招集された専門家たちの審議を通過した。その後、FASTプロジェクトの起工式が催された。

2011年3月、FASTプロジェクトの工事開始報告書が中国科学院と貴州省人民政府の共同承認を受け、FASTプロジェクトは正式に工事を開始し、建設段階に入った。

2012年1月、FASTは国家重点基礎研究発展計画の支援を受け、「電波周波数帯の最先端天体物理学課題とFASTの早期科学研究」プロジェクトが正式に始動した。

　2016年7月、FAST主反射面のパネルユニットの吊り上げ設置工事が完了し、FASTの主要部工事が完了した。

　2016年9月、FAST工事が全面完成。

4　国際的に有名な単一口径電波望遠鏡

名前	建設年	位置	種類	アンテナ直径	備考
レーバー (Rever) 電波望遠鏡	1937	アメリカ、 イリノイ州	単一口径、 固定式、 パラボラ型	9.75m	世界初のパラボラ型電波望遠鏡
ラベル (Lovell) 望遠鏡	1957	イギリス、 マンチェスター大学 ジョドレルバンク 天体物理学センター	単一口径、 回転可能、 パラボラ型	76.2m	世界3位全方位回転可能型電波望遠鏡。1957年、ソビエト連邦の打ち上げた世界初の人工衛星を追跡
アレシボ (Arecibo) 電波望遠鏡	1963 設立	プエルトリコ、 アレシボ市	単一口径、 固定式、 球面形	305m 1974年に 改修拡大	当時世界最大の単一口径電波望遠鏡、人類の20世紀十大プロジェクトの先鋒、1993年のノーベル物理学賞に観測データを提供
パークス (Parkes) 電波望遠鏡	1961	オーストラリア、 ニューサウスウェールズ州、 パークス市	全回転可能 パラボラ型	64m	南半球最大の電波望遠鏡、全世界にアポロ月面着陸の最初の映像を放送
エフェルスベルグ (Effelsberg) 電波望遠鏡	1972	ドイツ、 ボン	単一口径、 全方向回転可能 パラボラ型	100m	当時世界最大の全方位回転可能電波望遠鏡のひとつ
野辺山宇宙電波観測所（NRO） 電波望遠鏡	1982	日本、 長野県南佐久郡南牧村	単一口径	45m	―
グリーンバンク 電波望遠鏡 (GBT)	2000	アメリカ、 ウェストバージニア州 グリーンバンク	単一口径、 全方位回転可能	100〜110m	世界最大の全周波数帯全方位回転可能型電波望遠鏡
メキシコ 大型ミリ波 電波望遠鏡 (LMT)	2006	メキシコ、 プエブラ州、 シエラ・ネグラ山	単一口径、 皿型	50m	―
サルデーニャ 電波望遠鏡 (SRT)	2013	イタリア、 サルデーニャ島	単一口径	64m	当時ヨーロッパ最大の電波望遠鏡

5　中国の主な単一口径電波望遠鏡

◆上海佘山25m口径電波望遠鏡

　1986年に設立。ヨーロッパのVLBIネットワーク（EVN）や国際VLBIサービスネットワーク（IVS）によって案配された天体物理学と天体観測の業務を受け持つ。そして、上海天文台によって組織されたアジア太平洋地域宇宙地球力学研究プログラム（APSG）のVLBI観測も受け持つ。さらに、衛星を探測する重要な地上の監視測定局でもあり、軌道の監視測定やデータ受信作業を担う。

◆青海デリンハ13.7m口径ミリ波電波望遠鏡

　1990年に設立。ミリ波周波数帯を観測できる中国で唯一の大型設備であり、主に宇宙からのミリ波電波の天体観測に使用されている。この望遠鏡は、精密機器の製造に測量・サーボ制御・超電導周波数混合・ミリ波技術・デジタル信号処理・コンピュータ制御など、多くのハイテクノロジーを組み合わせている。同様な機器のなかでも、国際的な先進レベルに到達している。

◆ウルムチ25m口径センチ波電波望遠鏡

　1994年に設立、観測開始。1999年に検収合格。この望遠鏡に付属する2GHz周波数帯パルサー到達時間観測システムや、22GHz周波数帯星間分子スペクトル線観測システムは、既に実際の観測を行い、貴重な成果を得ている。2004年8月18日から19日に、中国の研究者たちはこの望遠鏡を使用して、中国国内で初めて銀河面連続スペクトルと偏光走査の測量を実施した。2005年8月12日から22日に、ウルムチ天文台の星間分子スペクトル線研究チームは、この望遠鏡を使用して、水素の再結合スペクトル線とホルムアルデヒド分子のスペクトル線を初めて観測することに成功した。

◆昆明40m口径回転台式電波望遠鏡

　2005年8月に建設着工、2006年7月に検収合格。この望遠鏡の高さは45m、質量は400t以上である。直径40mのパラボラアンテナは、400枚以上のアルミニウム合金材でパラボラ形状を形作っている。展開した面積はバスケットボールコート4面分に相当する。2007年から、中国の「月探査計画」に参加しており、主に月探査衛星から返送される科学データを受信し、衛星位置の正確な測定などに参与している。

◆北京50m口径車輪レール式電波望遠鏡

　2002年10月に研究開発を開始し、2006年10月に検収合格。この望遠鏡のアンテナの高さは56m、総質量は680tに達する。枠組み・フィード・サーボ制御という三つの部分から構成されている。アンテナ構造は主に反射体と台座枠というふたつの部分を収めていて、その台座枠の部分には車輪レール方式を採用している。この望遠鏡は中国の深宇宙探査と電波天文学にとって重要な設備である。月探査プロジェクトで、科学データの受信とVLBIによる精密軌道測定という、ふたつの重要な業務を担っている。

◆上海佘山65m口径電波望遠鏡

　2009年2月に正式始動し、2012年に設立。この望遠鏡は改良型カセグレン式反射面アンテナを採用している。主反射面の直径は65m、焦点距離対開口直径比は0.32、副反射面の直径は6.5m。その主反射面の面積は約3780㎡で、標準的なバスケットボールコート9面分に相当する。巨大な「耳」のように、深宇宙からやって来る微弱な電波信号をはっきりと「聞く」ことができる。この望遠鏡は水平方向に360°回転してさまざまな方位を指向し、仰角方向にも約90°変化できる、アジア最大の全方位回転可能な大型電波望遠鏡である。月探査プロジェクト第二期・第三期の超長基線電波干渉計（VLBI）による軌道測定と位置測定を適切に実行できるだけではなく、将来的に中国のさまざまな深宇宙探測の業務や、さらには天文学の研究においても重要な役割を果たすことができる。

付録

6　2019年8月現在、FASTで観測・確認された86個のパルサー

No.	名称	赤経（元期*32 2000）時：分	赤緯（元期 2000）度	周期（ミリ秒）	パルサーの分散量度	確認状況	パルスグラフ	発見日	備考
1	J2337+48	23:38	+48:24	119	34	Confirmed*33	FFT	2017-08-07	エッフェルスベルグ望遠鏡により確認
2	J2300+48	23:00	+48:24	2557	63.3	Confirmed	SP	2017-10-18	19ビームLバンド受信機のドリフトスキャンのビームデータにより確認
3	J1900-0134	19:00	-01:34	1832	188	Confirmed	FFT	2017-08-23	パークス望遠鏡により確認
4	J1825-01	18:25	-01:31	224	80	Confirmed	FFT	2017-08-25	パークス望遠鏡により確認
5	J1931-0144	19:31	-01:32	593	36	Confirmed	FFT	2017-08-25	パークス望遠鏡により確認
6	J1919+2623	19:19	+26:23	651.542	96.4	Confirmed	FFT	2017-08-24	パークス望遠鏡とエッフェルスベルグ望遠鏡により確認
7	J0203-0150	02:03	-01:50	5.173007812	19.2	Confirmed	FFT	2017-08-27	FAST、19ビームLバンド受信機により確認
8	J0209+2621	02:09	+26:21	1934.84	23.5	Confirmed	SP	2017-08-28	アレシボ望遠鏡により確認
9	J1914+26	19:14	+26:24	459	59	Confirmed	SP	2017-08-28	19ビームLバンド受信機のドリフトスキャンのビームデータにより確認

---

*32　元期とは天文学において、ある天文変数を基準とする時間点を指す。現在、標準元期時間はJ2000.0、すなわちTT（地球時間）2000年1月1日12時が採用されている。接頭語の「J」は、これがユリウス暦であることを意味する（Julian epoch）。

*33　Confirmedは英語で確認済という意味。

No.	名称	赤経 (元期 2000) 時:分	赤緯 (元期 2000) 度	周期 (ミリ秒)	パルサーの分散量度	確認状況	パルス グラフ	発見日	備考
10	J1926-0652	19:26	-06:49	1612	85	Confirmed	FFT	2017-09-01	パークス望遠鏡により確認
11	J2323+1214	23:23	+12:08	3760	22	Confirmed	SP	2017-09-02	パークス望遠鏡により確認
12	J1945+1211	19:45	+12:11	4745	95	Confirmed	FFT	2017-09-04	パークス望遠鏡により確認
13	J0402+48	04:02	+48:27	512	86	Confirmed	FFT	2017-09-05	エッフェルスベルグ望遠鏡により確認
14	J1852-07	18:51	-06:34	640	228	Confirmed	FFT	2017-09-15	パークス望遠鏡により確認
15	J2301+48	23:01	+48:09	742.026	72	Confirmed	FFT	2017-10-11	19ビーム受信機のドリフトスキャンのビームデータにより確認
16	J1844+2135	18:44	+21:35	594.6185	29.15	Confirmed	SP+FFT	2017-09-15	アレシボ望遠鏡により確認、同時に国際低周波電波干渉計 (LOw Frequency Array, LOFAR) により観測
17	J0539+0013	05:39	+00:13	4707.72	47	Confirmed	SP+FFT	2017-09-16	アレシボ望遠鏡により確認
18	J2111+21	21:11	+21:32	1059.55	78.6	Confirmed	FFT	2017-10-02	19ビーム受信機のドリフトスキャンのビームデータにより確認
19	J2025+2133	20:25	+21:33	623.489	70.75	Confirmed	FFT	2017-10-02	アレシボ望遠鏡により確認
20	J2236+49	22:36	+49:28	931.89	43	Confirmed	SP+FFT	2017-09-19	19ビーム受信機のドリフトスキャンのビームデータにより確認
21	J2129+4115	21:29	+41:15	1687.4168	35.4	Confirmed	SP+FFT	2017-10-10	エッフェルスベルグ望遠鏡により確認
22	J2057+2133	20:57	+21:33	1165.6579	72.2	Confirmed	FFT	2017-10-23	アレシボ望遠鏡により確認
23	J0552+41	05:52	+41:11	559.427	37.9	Confirmed	SP+FFT	2017-10-21	19ビーム受信機のドリフトスキャンのビームデータにより確認
24	J0529-0715	05:29	-07:11	689	80	Confirmed	FFT	2017-10-21	パークス望遠鏡により確認

付録　161

No.	名称	赤経(元期 2000)時：分	赤緯(元期 2000)度	周期（ミリ秒）	パルサーの分散量度	確認状況	パルスグラフ	発見日	備考
25	J0753-0816	07:52	-08:20	5210	32.7	Confirmed	SP	2017-11-07	パークス望遠鏡のHTRUサーベイ[*34]により探測
26	J0021-09	00:21	-09:09	2316	25	Confirmed	FFT	2017-11-12	パークス望遠鏡により確認
27	J0803-0937	08:03	-09:37	571.02	21.5	Confirmed	SP+FFT	2017-11-16	パークス望遠鏡により確認
28	J0344-0901	03:44	-09:01	1226	31	Confirmed	FFT	2017-09-19	パークス望遠鏡により確認
29	J2238+40	22:38	+40:38	272.8	74.1	Confirmed	FFT	2017-11-24	パークス望遠鏡より確認画像が未提供
30	J1020+40	10:20	+40:56	216.1455	9.9	Confirmed	FFT	2017-11-24	19ビームLバンド受信機のドリフトスキャンのビームデータにより確認
31	J0210+42	02:10	+42:38	350.68	49.7	Confirmed	SP+FFT	2018-01-03	19ビームLバンド受信機のドリフトスキャンのビームデータにより確認
32	J1637+00	16:37	+00:27	443.49	49.8	Confirmed	FFT	2018-01-06	19ビームLバンド受信機のドリフトスキャンのビームデータにより確認
33	J0209+43	02:09	+43:32	869.98	57.7	Confirmed	SP+FFT	2018-01-13	19ビームLバンド受信機のドリフトスキャンのビームデータにより確認
34	J0540+45	05:40	+45:37	401.29	56.1	Confirmed	SP+FFT	2018-01-23	19ビームLバンド受信機のドリフトスキャンのビームデータにより確認
35	J0941+45	09:41	+45:42	2714	17.6	Confirmed	SP	2018-01-29	19ビームLバンド受信機のドリフトスキャンのビームデータにより確認
36	J1502+4654	15:02	+46:54	1752.3	27	Confirmed	SP	2018-01-29	エッフェルスベルグ望遠鏡により確認、FASTの19ビーム受信機がグリッドデータを形成
37	J0427+47	04:27	+47:23	2158.5	54	Confirmed	SP	2018-02-07	

＊34　HTRUサーベイとはThe High Time Resolution Universe Surveyを指す。高時間分解能宇宙探査のこと。

No.	名称	赤経(元期2000) 時:分	赤緯(元期2000) 度	周期(ミリ秒)	パルサーの分散量度	確認状況	パルスグラフ	発見日	備考
38	J2053+47	20:53	+47:21	4907	331.3	Confirmed	FFT	2018-02-09	エッフェルスベルグ望遠鏡とFASTの19ビーム受信機により確認
39	J2112+4029	21:12	+41:05	4060.725	132	Confirmed	FFT	2018-02-14	エッフェルスベルグ望遠鏡により確認
40	J2006+41	20:06	+41:01	499.715	257	Confirmed	FFT	2018-02-14	エッフェルスベルグ望遠鏡により確認
41	J1929+41	19:29	+41:01	41.58979	37.9	Confirmed	FFT	2018-02-22	パークス望遠鏡より確認画像が未提供
42	J1618+39	16:18	+39:52	1893.72	22.96	Confirmed	FFT	2018-03-04	19ビームレバンド受信機のドリフトスキャンのビームデータにより確認
43	J1248+40	12:48	+40:50	2819	25.4	Confirmed	SP+FFT	2018-04-22	19ビームレバンド受信機のドリフトスキャンのビームデータにより確認
44	J1243+39	12:43	+39:46	30.47	28.5	Confirmed	FFT	2018-04-23	19ビームレバンド受信機のドリフトスキャンのビームデータにより確認
45	J1949+4722	19:49	+47:22	181.87749	104.35	Confirmed	FFT	2018-04-25	エッフェルスベルグ望遠鏡により確認
46	J1942+3934	19:42	+39:34	1353.2164	104.51	Confirmed	FFT	2018-04-26	エッフェルスベルグ望遠鏡により確認
47	J1822+2625	18:22	+26:25	591.41	64.6	Confirmed	SP+FFT	2018-04-27	パークス望遠鏡により確認
48	J1802+47	18:02	+47:21	346.637	30.9	Confirmed	FFT	2018-05-02	エッフェルスベルグ望遠鏡により確認
49	J2108+41	21:08	+41:07	1507.98	134	Confirmed	SP	2019-04-27	19ビームレバンド受信機のドリフトスキャンのビームデータにより確認
50	J0631+41	06:31	+41:42	30.72	24.5	Confirmed	FFT	2019-05-06	19ビームレバンド受信機のドリフトスキャンのビームデータにより確認、グリッドデータを形成
51	J1827+00	18:27	+00:22	375.3	96	Confirmed	FFT	2018-10-22	パークス望遠鏡のHTRUサーベイにより探測
52	J1754+0032	17:54	+00:25	4.4	70	Confirmed	FFT	2018-11-05	

No.	名称	赤経(元期 2000)時:分	赤緯(元期 2000)度	周期(ミリ秒)	パルサーの分散量度	確認状況	パルスグラフ	発見日	備考
53	J2355+00	23:55	+00:49	3.7	11	Confirmed	FFT	2018-11-08	19ビームLバンド受信機のドリフトスキャンのビームデータにより確認
54	J1929+01	19:29	+01:29	6.4	53	Confirmed	FFT	2018-11-14	19ビームLバンド受信機のドリフトスキャンのビームデータにより確認
55	J1854-01	18:54	-01:54	680.39	590	Confirmed	FFT	2018-11-21	パークス望遠鏡により確認
56	J1809-05	18:09	-05:20	296.57	105	Confirmed	SP	2018-11-22	19ビームLバンド受信機のドリフトスキャンのビームデータにより確認
57	J1737-0514	17:37	-05:14	861.59	78	Confirmed	SP+FFT	2018-11-22	エッフェルスベルグ望遠鏡により確認
58	J1900+42	19:00	+42:21	4340.79	72	Confirmed	SP	2019-01-22	19ビームLバンド受信機のドリフトスキャンのビームデータにより確認、グリッドデータを形成
59	J1858-02	18:58	-02:00	487.32	191	Confirmed	FFT	2018-11-23	19ビームLバンド受信機のドリフトスキャンのビームデータにより確認
60	J1920-05	19:20	-05:14	264.815	101	Confirmed	FFT	2018-11-24	19ビームLバンド受信機のドリフトスキャンのビームデータにより確認
61	J1720-05	17:20	-05:33	3.267816	37.8	Confirmed	FFT	2018-12-25	19ビームLバンド受信機のドリフトスキャンのビームデータにより確認
62	J1801-06	18:10	-06:15	4.14618	159	Confirmed	FFT	2018-12-30	19ビームLバンド受信機のドリフトスキャンのビームデータにより確認
63	J1853-06	18:53	-06:20	3.442342	142	Confirmed	FFT	2019-01-11	19ビームLバンド受信機のドリフトスキャンのビームデータにより確認
64	J2016+07	20:16	+07:00	6.8201293	65	Confirmed	FFT	2019-01-18	19ビームLバンド受信機のドリフトスキャンのビームデータにより確認
65	J2032+07	20:32	+07:00	409.85848	74	Confirmed	FFT	2019-01-20	19ビームLバンド受信機のドリフトスキャンのビームデータにより確認

No.	名称	赤経(元期 2000)時:分	赤緯(元期 2000)度	周期(ミリ秒)	パルサーの分散量度	確認状況	パルスグラフ	発見日	備考
66	J2112+07	21:12	+07:40	275.4	24.9	Confirmed	FFT	2019-01-24	19ビームレシーババンド受信機のドリフトスキャンのビームデータにより確認
67	J2307-05	23:07	-05:58	557.75	92.8	Confirmed	FFT	2019-01-24	19ビームレシーババンド受信機のドリフトスキャンのビームデータにより確認
68	J2204+09	22:04	+09:45	6.0395	18	Confirmed	FFT	2019-02-22	パークス望遠鏡により確認
69	J1142+3253	11:42	+32:53	2077.005	15.6	Confirmed	FFT	2019-04-19	エッフェルスベルグ望遠鏡とFASTの19ビーム受信機により確認
70	J1437+30	14:37	+30:55	3.719	17.4	Confirmed	FFT	2019-04-21	19ビームレシーババンド受信機のドリフトスキャンのビームデータにより確認
71	J0924+61	09:24	+61:02	5.98263	21.8	Confirmed	FFT	2019-05-31	19ビームレシーババンド受信機のドリフトスキャンのビームデータにより確認
72	J2205+6012	22:05	+60:14	2.4156631	157.75	Confirmed	FFT	2019-06-02	エッフェルスベルグ望遠鏡により確認、フランスのナンシー望遠鏡でも発見、γ線の発生源
73	J2032-12	20:32	-12:53	5.787807	22.94	Confirmed	FFT	2019-06-02	19ビームレシーババンド受信機のドリフトスキャンのビームデータにより確認
74	J1759-12	17:59	-12:47	3.1509898	95.9	Confirmed	FFT	2019-06-02	19ビームレシーババンド受信機のドリフトスキャンのビームデータにより確認
75	J2238-12	22:38	-12:20	2.369371	39.2	Confirmed	FFT	2019-06-02	19ビームレシーババンド受信機のドリフトスキャンのビームデータと、パークス望遠鏡により確認
76	J1712-11	17:12	-11:24	442.062	69.3	Confirmed	FFT	2019-06-05	19ビームレシーババンド受信機のドリフトスキャンのビームデータにより確認
77	J2003-09	20:03	-09:37	3.17743	30.79	Confirmed	FFT	2019-06-13	19ビームレシーババンド受信機のドリフトスキャンのビームデータと、パークス望遠鏡により確認

付録

No.	名称	赤経(元期 2000)時:分	赤緯(元期 2000)度	周期（ミリ秒）	パルサーの分散量度	確認状況	パルス グラフ	発見日	備考
78	J1807-09	18:07	-09:41	226.237	230	Confirmed	FFT	2019-06-13	19ビームレシーバ受信機のドリフトスキャンのビームデータと、パークス望遠鏡により確認
79	J2000-1003	20:00	-10:03	437.119	33.748	Confirmed	FFT	2019-06-13	19ビームレシーバ受信機のドリフトスキャンのビームデータと、パークス望遠鏡により確認
80	J1938-09	19:38	-09:40	173.8612	44.45	Confirmed	FFT	2019-06-13	19ビームレシーバ受信機のドリフトスキャンのビームデータにより確認
81	J1852-13	18:52	-13:10	4.3144	44.81	Confirmed	FFT	2019-06-14	19ビームレシーバ受信機のドリフトスキャンのビームデータにより確認
82	J1905-13	19:05	-13:14	357.37	121.43	Confirmed	FFT	2019-06-15	19ビームレシーバ受信機のドリフトスキャンのビームデータと、パークス望遠鏡により確認
83	J2006-13	20:06	-13:12	374.196	25	Confirmed	FFT	2019-06-15	19ビームレシーバ受信機のドリフトスキャンのビームデータにより確認
84	J1813-08	18:13	-08:52	4.2265	135	Confirmed	FFT	2019-06-18	19ビームレシーバ受信機のドリフトスキャンのビームデータにより確認
85	J1835-08	18:35	-08:46	846.36	862.08	Confirmed	FFT	2019-06-18	19ビームレシーバ受信機のドリフトスキャンのビームデータにより確認
86	J1807-08	18:07	-08:50	38.9695	202.06	Confirmed	FFT	2019-06-18	19ビームレシーバ受信機のドリフトスキャンのビームデータにより確認

参考文献

[アメリカ] アシモフ (著), 黃群、卞毓麟 (訳), 1982. 洞察宇宙的眼睛：望遠鏡的歷史 [M]. 北京：科学出版社

卞毓麟, 2018. 星星離我們有多遠 [M]. 武漢：長江文芸出版社

陳丹, 2009. 反射望遠鏡的発展歷程 [J]. 太空檢索, 03－11

FAST 多科学目標同時掃描巡天 (CRAFTS) [OL]. http://crafts.bao.ac.cn/

李宏壮ほか, 2009. 400mm薄鏡面主動光学実験系統 [J]. 光学精密工程, 09

李会賢、南仁東, 2015. FAST工程進展及展望 [J]. 自然雑誌, 06

李良, 2008. 談談地面大型天文望遠鏡：紀念望遠鏡問世400周年 [J], 現代物理知識, 06

廬昌海, 2009. 尋找太陽系的疆界 [M]. 北京：清華大学出版社

南仁東, 2016. FAST工程建設進展 [J]. 天文学報, 11

南仁東、姜鵬, 2017. 500m口径球面射電望遠鏡_FAST[J]. 机械工程学報, 9

南仁東ほか, 2018. 観天巨眼：500米口径球面射電望遠鏡 (FAST) [M]. 杭州：浙江教育出版社

聶躍平, 2009. 探索宇宙奥秘的巨大「天眼」：貴州500m口径球面射電望遠鏡 (FAST) 工程遥感選址 [J]. 遥感学報, 13

潘高峰ほか, 2019. 中国天眼 (FAST)：和宇宙対話[M]. 杭州：浙江教育出版社

銭磊, 2018. 宇宙基石：中性氫 [OL]. http://blog.sciencenet.cn/blog-117333-1121707.html.

宋家宝ほか, 2010. 大型光学望遠鏡扇形子鏡拼接設計及倣真分析 [J]. 天文研究与技術, 10

万同山, 1999. 空間VLBI研究的現状和未来 [J]. 天文学進展, 02

500米口径球面射電望遠鏡工程 (FAST工程) 網站 [OL]. http://fast.bao.ac.cn/

徐光台, 2012. 科普経典：以伽利略『星際信使』為例 [J]. 海峡科学, 03

Di Li et al., 2018. FAST in Space: Considerations for a Multibeam, Multipurpose Survey Using China's 500-m Aperture Spherical Radio Telescope (FAST) [J]. IEEE Microwave Magazine, 19(3):112-119

Galileo Galilei, 2016. The Sidereal Messenger [M]. Chicago: University of Chicago Press

PengJiang et al., 2019. Commissioning progress of the FAST [J]. Science China (Physics, Mechanics & Astronomy), 62(5)

編著者略歴

郭紅鋒（グオ ホンフォン）
中国科学院国家天文台図書館元館長、天文教育専門家、国際天文学連合会員、Global Hands-On Universe（国際的な天文教育プログラム）の中国責任者。日本初の宇宙赤外線望遠鏡IRTSの開発研究に参加。主な著書に『趣味宇宙』シリーズ、『中国天眼——遥望深空的天文重器』などがある。主な論文に「天文光干渉与綜合孔径技術之発展」「変星与脉冲星」など多数。

訳者略歴

松永慶子（まつなが けいこ）
千葉県出身。東京女子大学社会学科卒業。情報系企業等にて13年間勤務を経て中日翻訳に従事。

中国の「天眼」FAST
世界最大の電波望遠鏡

2024年11月26日　初版第1刷発行

編著者──郭紅鋒
翻訳者──松永慶子
発行者──黄琛
発行元──科学出版社東京株式会社
　　　　〒113-0034
　　　　東京都文京区湯島2-9-10　石川ビル
　　　　TEL：03-6803-2978　FAX：03-6803-2928
　　　　http://www.sptokyo.co.jp/
編集者──孫麗平
装丁・組版－長井究衡
印刷・製本－モリモト印刷株式会社

ISBN 978-4-907051-92-1 C1053

Original Chinese Edition © China Science Publishing & Media Ltd., 2020.
All rights reserved.

定価はカバーに表示しております。
乱丁・落丁本は小社までご連絡ください。送料小社負担にてお取り替えいたします。
本書の無断転載・模写は、著作権法上での例外を除き禁じられています。